高等职业教育信息技术类精品教材

C 语言程序设计基础

主　编　李　华　于　震　刘滨海
副主编　卢长鹏　刘珊珊

苏州大学出版社

图书在版编目(CIP)数据

C语言程序设计基础 / 李华, 于震, 刘滨海主编.
苏州: 苏州大学出版社, 2024.7. --(高等职业教育
信息技术类精品教材). -- ISBN 978-7-5672-4828-1

Ⅰ. TP312.8

中国国家版本馆 CIP 数据核字第 2024P1858A 号

书　　名：C语言程序设计基础
　　　　　C YUYAN CHENGXU SHEJI JICHU
主　　编：李　华　于　震　刘滨海
责任编辑：征　慧
装帧设计：吴　钰
出版发行：苏州大学出版社(Soochow University Press)
社　　址：苏州市十梓街1号　邮编：215006
印　　装：苏州市越洋印刷有限公司
网　　址：www.sudapress.com
邮　　箱：sdcbs@suda.edu.cn
邮购热线：0512-67480030
销售热线：0512-67481020
开　　本：787 mm×1 092 mm　1/16　印张：20　字数：475 千
版　　次：2024 年 7 月第 1 版
印　　次：2024 年 7 月第 1 次印刷
书　　号：ISBN 978-7-5672-4828-1
定　　价：59.80 元

凡购本社图书发现印装错误, 请与本社联系调换。服务热线：0512-67481020

Preface 前 言

　　C语言是国内外广泛使用的计算机语言之一,其结构简单,数据类型丰富,使用灵活,同时兼具速度快、效率高、可移植性好等优点。因此很多高等院校把C语言作为第一程序设计基础课程来安排教学。

　　本书具有以下特色:

1. 任务驱动,通俗易懂

　　本书将内容划分为十个项目,又将每个项目划分为若干任务,以任务为驱动,引导学生学习。其中每个任务由任务目标、任务描述、预备知识、任务实现及知识拓展等内容组成,教师可以根据教授专业的特点选择讲授。本书选择读者容易理解的问题作为任务,并结合知识点来讲解程序设计的方法和技巧。

2. 符合认知,循序渐进

　　本书在内容的编排上,充分考虑应用型人才的要求,同时尊重学生的学习规律,按照由浅入深、循序渐进的原则安排各章的知识点。每个项目的开头都由鱼骨图展示知识概述,项目的最后还设有项目小结和课后习题。

3. 工匠精神,思想引导

　　本书中项目中的拓展阅读,介绍了中国信息技术等专业的多位科技领军人物,让学生了解"工匠",学习工匠精神,并以"工匠"为前行榜样。每个任务的任务目标中均体现对学生品德品格的培养,提升课程育人成效。

4. 资源丰富,易教易学

　　本书配有丰富的教学资源,包括课程网站、授课PPT、例题源代码、习题答案等,便于教师教、学生学。学生可通过超星学习通进行课程网站的学习,达到线上线下交融共生,教师可通过超星学习通进行任务的发布,学生通过完成任务达到学习目标,从而做到相互赋能。

本书可作为中专、高职及专升本的教材,也可作为C语言学习者的参考资料。

本书由吉林工业职业技术学院的李华、刘滨海、刘珊珊,黑龙江商业职业学院的于震,黑龙江农业经济职业学院的卢长鹏共同编写,由李华、于震、刘滨海任主编,卢长鹏、刘珊珊任副主编。李华编写项目一、项目二、项目三、项目十、附录,卢长鹏编写项目四,于震编写项目五、项目六,刘珊珊编写项目七,刘滨海编写项目八、项目九。

由于时间仓促,疏漏之处在所难免,敬请读者见谅并提出宝贵意见。

Contents
目 录

| 项目一 | 认识C语言 | 1 |

任务1　编写C语言程序　1

任务2　运行C语言程序　7

| 项目二 | 认识数据 | 18 |

任务1　将数据存储到计算机中　18

任务2　在C语言中使用数据　25

| 项目三 | 计算数据 | 32 |

任务1　计算三角形的面积　32

任务2　判断是否能构成三角形　36

任务3　利用位运算符加密、还原数据　39

任务4　判断并计算一元二次方程的实根　44

| 项目四 | 设计结构化程序 | 51 |

任务1　描述算法　51

任务2　设计顺序结构程序　55

任务3　设计选择结构程序　68

任务4　设计循环结构程序　79

| 项目五 | 设计模块化程序 | 104 |

任务1　学习函数的分类　104

任务2　定义和调用函数　107

任务3　传递函数　112

任务4　使用嵌套调用函数　119

任务5　递归调用函数　121

| | 任务6 | 认识变量的作用域 | 124 |

项目六　使用数组　138

	任务1	使用一维数组存储和处理多个数据	138
	任务2	使用二维数组存储和处理多个数据	160
	任务3	使用函数处理数组数据	172

项目七　使用指针　181

	任务1	使用指针操作变量	181
	任务2	使用指针操作数组	188
	任务3	学会在被调函数中操作主调函数的变量	197
	任务4	动态创建一维数组	201
	任务5	用函数指针操作函数	206

项目八　认识字符串　216

| | 任务1 | 了解字符串 | 216 |
| | 任务2 | 处理字符串数据 | 223 |

项目九　创建复杂的数据类型　235

	任务1	存储学生的基本信息	235
	任务2	使用不同的记分制记录课程的成绩	263
	任务3	使用枚举类型规范程序代码	270

项目十　了解编译预处理与文件　285

| | 任务1 | 认识编译预处理 | 285 |
| | 任务2 | 使用文件操作 | 292 |

附　录　309

项目一 认识 C 语言

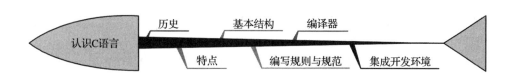

任务 1　编写 C 语言程序

【任务目标】

知识目标：了解程序设计的基本知识，了解 C 语言的发展历史和特点，掌握 C 语言的基本结构、编写规则与规范。

技能目标：能够按照要求书写 C 语言源程序。

品德品格：遵规守矩是一个公民的基本要求。

【任务描述】

小明是大一新生，他想要学习计算机程序设计，想了解一下什么是程序设计，都有哪些程序设计语言，应该学习哪种语言入门，还想试试用这门语言编写一个小程序。

下面为小明安排了一个小任务，按照要求编写计算圆面积的源程序，程序功能如下：

- 输入圆的半径；
- 调用计算圆面积的自定义函数，计算面积；
- 输出结果。

【预备知识】

一、程序设计

从广泛的意义上来讲,程序设计是指为解决特定问题而设计的流程,比如学校的作息时间和课表。我们通常所说的程序设计指的是计算机程序设计,是以某种程序设计语言为工具编写出解决特定问题过程的程序,程序设计过程应当包括分析、设计、编码、测试、排错等不同阶段。专业的程序设计人员常被称为程序员。

二、程序设计语言

计算机程序设计语言(编程语言)是程序设计的最重要的工具,它是指计算机能够接受和处理的、具有一定语法规则的语言,是人与计算机沟通的工具。从计算机诞生至今,计算机语言经历了机器语言、汇编语言和高级语言三个阶段。

在所有的程序设计语言中,只有机器语言编写的源程序能够被计算机直接理解并执行,其他程序设计语言编写的程序都必须利用语言处理程序"翻译"成计算机所能识别的机器语言程序。

目前世界上大约有 700 多种独立编程语言,图 1-1-1 是 TIOBE 2022 年 9 月和 2023 年 9 月的十大编程语言社区指数排行榜。

2023年9月	2022年9月	Change	编程语言	评级	改变
1	1		Python	14.16%	-1.58%
2	2		C	11.27%	-2.70%
3	4	∧	C++	10.65%	+0.90%
4	3	∨	Java	9.49%	-2.23%
5	5		C#	7.31%	+2.42%
6	7	∧	JavaScript	3.30%	+0.48%
7	6	∨	Visual Basic	2.22%	-2.18%
8	10	∧	PHP	1.55%	-0.13%
9	8	∨	Assembly language	1.53%	-0.96%
10	9	∨	SQL	1.44%	-0.57%

图 1-1-1 TIOBE 2022 年 9 月和 2023 年 9 月的十大编程语言社区指数排行榜

TIOBE 编程语言社区指数是编程语言流行程度的一个指标,每月更新,这份排行榜排名基于全球熟练工程师的数量、课程和第三方厂商的数量。排名使用著名的搜索引擎(诸如 Google、Bing、Yahoo!、WikipediA、YouTube 及 Baidu 等)进行计算。请注意,这个排行榜只是反映某个编程语言的热门程度,并不能说明这门编程语言好还是不好,或者这门语言所编写的代码数量的多少。

本书主要讲解 C 语言的程序设计基础知识。

三、C语言的发展历史

C语言是一种高级语言,是一门面向过程的编程语言,与C++、Java等面向对象的编程语言有所不同。C语言的设计目标是提供一种能以简易的方式编译、处理低级存储器、仅产生少量的机器码,以及不需要任何运行环境支持便能运行的编程语言。C语言描述问题比面向机器的编程语言(汇编语言)迅速,工作量小,可读性强,易于调试、修改和移植,而代码质量与汇编语言相当。C语言一般只比汇编语言代码生成的目标程序效率低10%~20%。因此,利用C语言可以编写系统软件。

C语言诞生于美国的贝尔实验室,以B语言为基础发展而来,在它的主体设计完成后,肯尼斯·蓝·汤普森(K. L. Thompson)和丹尼斯·麦卡利斯泰尔·里奇(D. M. Ritchie)用它完全重写了UNIX,且随着UNIX的发展,C语言也得到了不断的完善。

- 1967年,剑桥大学的马汀·理查兹(M. Richards)对CPL语言进行了简化,于是产生了BCPL(Basic Combined Programming Language)。
- 1970年,美国贝尔实验室的K. L. Thompson以BCPL为基础,设计出了很简单且很接近硬件的B(取BCPL的首字母)语言。并且他用B语言写了第一个UNIX操作系统。
- 1972年,美国贝尔实验室的D. M. Ritchie在B语言的基础上最终设计出了一种新的语言,他取了BCPL的第二个字母作为这种语言的名字,这就是C语言。
- 1973年初,C语言的主体完成。
- 1977年,D. M. Ritchie发表了不依赖于具体机器系统的C语言编译文本《可移植的C语言编译程序》。
- 1982年,成立C标准委员会,建立C语言的标准。
- 1989年,ANSI发布了第一个完整的C语言标准——ANSI X3.159—1989,简称C89,不过人们也习惯称其为ANSI C。
- 截至2021年,最新的C语言标准为2018年发布的C18。

四、C语言的特点

1. 简洁紧凑、灵活方便

C语言一共只有32个关键字、9种控制语句,程序书写自由,主要用小写字母表示。它把高级语言的基本结构和语句与低级语言的实用性结合起来。C语言可以像汇编语言一样对位、字节和地址进行操作,而这三者是计算机最基本的工作单元。其详细关键字见附录3。

2. 运算符丰富

C语言的运算符包含的范围很广泛,共有34个运算符。C语言把括号、赋值、强制类型转换等都作为运算符处理,从而使C语言的运算类型极为丰富,表达式类型多样化,灵活使用各种运算符,可以实现在其他高级语言中难以实现的运算。

3. 数据结构丰富

C语言的数据类型有整型、实型、字符型、数组类型、指针类型、结构体类型、共用体类型等,能用来实现各种复杂的数据类型的运算。C语言还引入了指针的概念,使程序效率更高。另外,C语言具有强大的图形功能,支持多种显示器和驱动器。其计算功能、逻辑判断功能也非常强大。

4. 结构式语言

结构式语言的显著特点是代码及数据的分割化,即程序的各个部分除了必要的信息交流外彼此独立。这种结构化方式可使程序层次清晰,便于使用、维护及调试。C语言是以函数形式提供给用户的,这些函数可被方便地调用,并具有多种循环、条件语句控制程序流向,从而使程序完全结构化。

5. 程序设计自由

一般的高级语言语法检查比较严,能够检查出几乎所有的语法错误,而C语言允许程序编写者有较大的自由度。

6. 直接访问物理地址

C语言可直接访问物理地址,可以直接对硬件进行操作,因此C语言既具有高级语言的功能,又具有低级语言的许多功能,能够像汇编语言一样对位、字节和地址进行操作,而这三者是计算机最基本的工作单元,可以用来编写系统软件。

7. 程序执行效率高

C语言程序生成代码质量高,用C语言编写的代码一般只比汇编程序生成的目标代码效率低10%~20%。

8. 适用范围大,可移植性好

C语言适合于多种操作系统,如Windows、Linux,这意味着在一个系统上编写的C语言程序经过很多改动或不经修改就可以在其系统上运行。C语言同样也适用于多种机型。

五、C语言程序的基本结构

函数是C语言程序的基本结构,一个C语言程序由一个或者多个函数组成,一个C语言程序中的函数由若干C语言基本语句构成,一个C语言基本语句由若干基本单词组成。

C语言函数是完成某个整体功能的最小单位,是相对独立的模块。一个C语言程序可以包含一个主函数和若干个其他函数。所有C语言函数的结构都包括三个部分:函数名、形式参数和函数体。图1-1-2所示为C语言程序的基本结构及注意事项。

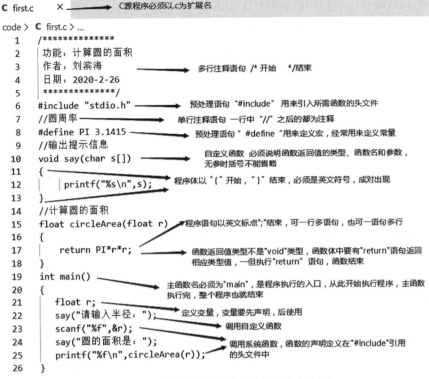

图1-1-2　C语言程序的基本结构及注意事项

说明：

① C语言源程序文件是一个文本文件，其扩展名是".c"，一个C语言程序除了源程序文件外，还包含其他文件。

② C语言程序由注释部分、程序头部分（编译预处理部分）和程序主体部分组成，注释可以出现在主体部分中。

③ 注释部分以"//"或"/*…*/"作为标记。

④ 程序主体部分由 n 个（$n \geq 1$）函数并列组成，且仅能有一个main()函数。

⑤ 一个应用系统可以包含若干源程序文件。

六、C语言程序的编写规范

1. 基本书写格式

① C语言程序书写格式自由，一行可以写一个或多个语句，一个语句也可以分写在多行上，每个语句以分号";"作为结束标志。

② 用大括号"{ }"表示程序的层次范围，一个完整的程序模块要用一对"{ }"括起来。

③ C语言程序中的名字（标识符）区分大小写。

2. 标识符命名规则

在程序中使用的变量名、函数名、标号等统称为标识符。除库函数的函数名由系统定义外，其余都由用户自定义。C语言中用户自定义标识符的规则如下：

① 标识符由字母、数字和下划线"_"三种字符组成。
② 标识符只能由字母或下划线开头。
③ 标识符不能与C语言关键字和保留字相同。
④ 在同一作用域中不能重复命名。

【任务实现】

上面已经学完了程序设计和C语言的基本知识,现在就试试在记事本中录入程序(注意编写规范),来完成本次的小任务吧。

注意:保存的文件名为"first.c"。

程序代码如下:

```c
// 定义圆周率常量
#define PI 3.1415
/***********
    函数名:say
    功能:输出提示信息
    参数:char s[],要输出的提示信息
    返回值:void,表示无返回值
***********/
void say(char s[])
{
    printf("%s:\n", s);
}
/***********
    函数名:circleArea
    功能:计算圆的面积
    参数:float radius,即圆的半径
    返回值:float型,圆的面积
***********/
float circleArea(float radius)
{
    return PI * radius * radius;
}

int main()
{
```

```
        float radius;                              // 定义半径
        say("请输入半径");
        scanf("%f", &radius);                      // 输入半径
        say("圆的面积是");
        printf("%f", circleArea(radius));          // 输出面积
        return 0;                                  // 程序正常结束
    }
```

任务2　运行 C 语言程序

【任务目标】

知识目标:了解 C 语言程序的运行过程,掌握一种 C 语言集成开发环境(IDE)的安装和配置方法。

技能目标:能够输入并运行 C 语言程序。

品德品格:建立知识产权保护意识。

【任务描述】

小明经过了解,决定先学习 C 语言,但是他觉得使用记事本输入源程序太费力,效率不高,而且他不知道如何才能将编写好的程序在计算机中运行。

下面的任务是引导他使用一种 C 语言集成开发环境开发并运行 C 语言程序。

任务:利用 VS Code 搭建 C 语言集成开发环境,输入并运行任务中文件 first.c 的源程序。

【预备知识】

一、C 语言程序编译执行过程

C 语言是高级程序语言,之前我们用记事本编写 C 语言程序是源程序,源程序是一个纯文本文件,计算机不能直接执行,需要将源程序转换成可执行程序(二进制的机器语言程序),通过 C 语言的编译器进行编译后才能运行。C 语言程序的编译、连接、执行过程如图 1-2-1 所示。

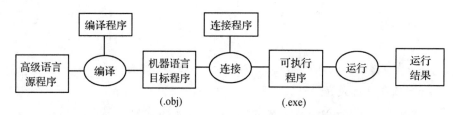

图 1-2-1　C 语言程序的编译、连接、执行过程

二、常见的 C 语言编译器

编译器指的就是负责"翻译"或"解释"代码的一个软件,每种编程语言都有自己对应的编译器。

目前 C 语言的编译器有很多,如 CL、GCC、Clang、MinGW-W64 等。

1. CL

CL 是微软 Windows 平台 Visual Studio 自带的 C/C++ 编译器。

优点:对 Windows 平台支持好,编译快。

缺点:对 C++ 的新标准支持较少,只能用于 Windows 系统。

2. GCC

GCC 是由自由软件基金会以 GPL 协议发布的自由软件,是大多数类 UNIX(如 Linux、BSD、Mac OS X 等)的标准编译器,而且适用于 Windows(借助其他移植项目实现的,比如 MinGW)。

优点:支持多种编程语言,支持交叉编译。

缺点:编译速度相对较慢,内存消耗较大,错误信息不够清晰明了。

3. Clang

Clang 是基于 LLVM 架构的 C 语言编译器,是苹果公司为替代 GCC 而开发的,兼容 GCC,也可跨平台。

优点:编译速度快,内存消耗低,错误信息易读。

缺点:对一些特定的优化不足,对平台支持较新。

4. MinGW-W64

MinGW-W64 是 GCC 编译器的 Windows 版本。

MinGW-W64 是开源软件,有活跃的开源社区在持续维护并支持最新的 C 语言标准。

三、集成开发环境

集成开发环境是用于提供程序开发环境的应用程序,一般包括代码编辑器、编译器、调试器和图形用户界面等工具。它是一个集成了代码编写功能、分析功能、编译功能、调试功能等一体化的开发软件服务套。所有具备这一特性的软件或者软件套(组)都可以叫集成开发环境。

用于 C 语言的集成开发环境有很多,常见的有微软的 Visual Studio 系列、Dev-C++、Code::Blocks、C-Free 5.0 等。

【任务实现】

经过上面的学习,小明决定采用 VS Code + MinGW 搭建 C 语言集成开发环境。

VS Code(Visual Studio Code)是微软发布的一款跨平台、免费、开源的现代化轻量级代码编辑器,拥有强大的功能和丰富的扩展,使之能适合编写许多语言。支持几乎所有主流的开发语言的语法高亮、智能代码补全、自定义热键、括号匹配、代码片段、代码对比 Diff、GIT 等特性。

VS Code 本身并不带有编译器,所以我们需要选择一款 C 语言编译器(小明选用 MinGW)来编译 C 语言源程序。

一、安装 MinGW-W64

MinGW-W64 有两种安装方式:在线安装和离线安装。

1. 下载

官方下载地址:https://sourceforge.net/projects/mingw-w64/files/。

各版本的说明见图 1-2-2,推荐下载适合自己操作系统的最新版本,目前最新的是 8.1.0 版本。

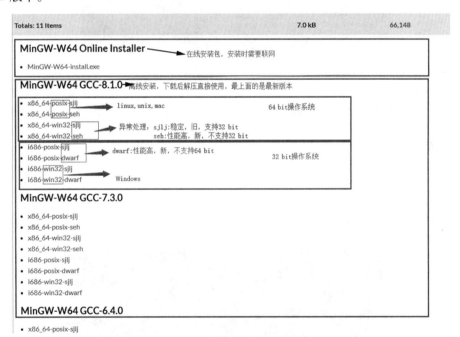

图 1-2-2　MinGW-W64 下载界面

2. 安装设置

离线安装包是不需要安装的,解压后将其中 bin 目录的完整路径加入系统变量 path 中即可使用。

设置 path 变量的方法:以 Win 10 系统为例,在系统桌面上右键单击"此电脑",在弹出的快捷菜单中选择"属性",将对话框的右侧下翻至最后,选择"高级系统设置";在弹出的对话框"高级"选项卡中,单击"环境变量"按钮;在新弹出的对话框中的"Administrator用户变量"列表中选择"Path"选项,并单击"编辑";在"编辑环境变量"对话框中单击"新建"按钮,输入 MinGW 解压后"bin"目录的绝对路径,依次单击"确定"按钮完成设置。

3. 测试编译器

在命令行(DOS)窗口中输入"gcc -v"命令,按回车键,出现如图 1-2-3 所示的信息,说明设置正确。

图 1-2-3　gcc 编译命令版本信息

现在我们就可以使用 gcc 命令将 C 语言源程序(.c)编译成可执行文件(.exe)。

做一做:将任务 1 编写的 first.c 文件复制到"我的文档"中,然后打开 DOS 窗口,依次输入并运行以下命令:

① cd Documents;

② gcc frist.c -o first;

③ first。

执行结果如图 1-2-4 所示。

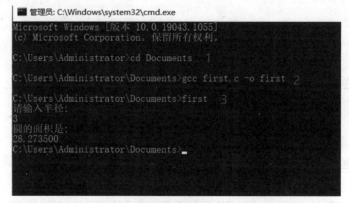

图 1-2-4　使用 gcc 命令编译运行 C 语言源程序

二、安装 VS Code

1. 下载 VS Code

官方下载地址：https://code.visualstudio.com/download。

可根据个人的操作系统下载对应的版本。

2. 安装

单击下载好的 VS Code 安装文件进行 VS Code 的安装，按默认方式安装即可。

三、搭建 C 语言集成开发环境

1. 汉化

安装好 VS Code，启动后默认是英文界面，可以安装简体中文语言扩展，转换为中文界面。

如图 1-2-5 所示，单击最左侧"Extensions（扩展）"按钮（图 1-2-5 中①处），在出现的搜索框中输入"chi"（图 1-2-5 中②处），在下方列表中选择第一项"Chinese（Simplified）（简体中文）Language Pack for Visual Studio Code"，单击"install"（图 1-2-5 中③处）。安装完成后重新启动 VS Code。

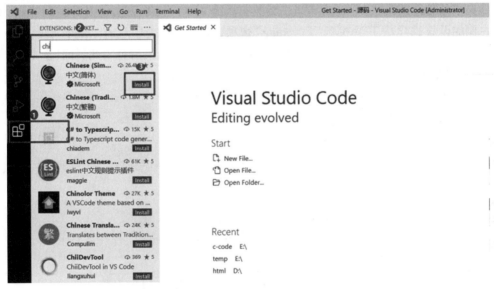

图 1-2-5　VS Code 安装中文扩展

2. 安装 C/C++ 扩展

C/C++ 扩展为 Visual Studio 代码添加了对 C/C++ 的语言支持，提供编辑代码智能感知提示、代码不同颜色展示和代码调试等功能。

与安装中文语言扩展相似，在扩展搜索框中输入"c"，在下方列表中安装第一项"C/C++"。

3. 安装 Code Runner 扩展

Code Runner 扩展可以运行多种语言的程序文件（前提是要有相应的编译器），如 C、

C++、Java、JavaScript、PHP、Python、Perl、Perl 6、Ruby、Go 等。

采用同样的方法,在扩展搜索框中输入"code",在下方列表中安装第一项"Code Runner"。

4. 新建并打开工作区

VS Code 的各个功能都是基于当前打开的文件或者文件夹。VS Code 打开的文件夹默认为当前工作区,我们可以常将一些个性化的配置存放到此文件夹中,这个文件夹中的文件和子文件夹都使用这些配置。下面我们来创建并打开一个用来存放 C 语言源程序代码的文件夹,这个文件夹就是一个工作区。

在计算机中新建一个用来存放代码的文件夹,单击 VS Code 窗口中的"文件"菜单,选择"打开文件夹",选择新建好的文件夹,单击"选择文件夹"即可。

5. 设置 C 语言源文件编码

VS Code 默认的文件编码为"utf-8",但是 VS Code 终端(C 语言运行结果显示的地方)字符编码为"gbk",如果程序中有输出中文字符的情况,那么输出的结果将是乱码,所以我们要修改 C 语言源文件的编码。

如图 1-2-6 所示,单击左下角"管理"(图 1-2-6 中①处),在弹出的菜单中选择"设置"(图 1-2-6 中②处),然后在右侧界面中选择"工作区"(图 1-2-6 中③处,设置只对工作区文件夹中的文件或文件夹有效),单击"文本编辑器"中的"文件"选项(图 1-2-6 中④处),在右侧的设置选项中下滑找到"Encoding"选项,在下拉列表中选择"Simplified Chinese (gbk)"或"Simplified Chinese(gb18030)"(图 1-2-6 中⑤处),最后关闭此界面(图 1-2-6 中⑥处,不需要保存)。

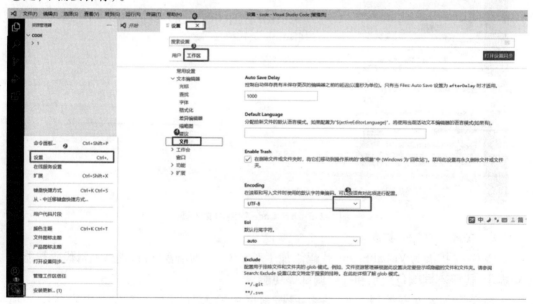

图 1-2-6　设置源文件编码

6. 设置 Code Runner 扩展属性

Code Runner 扩展运行程序默认是不能在终端为程序输入数据的,也不能在运行前保存文件,对 Code Runner 扩展进行两项设置,就可以解决这些问题。

如图1-2-7所示,打开设置,执行"用户"(设置对所有文件、文件夹都有效)→"扩展"→"Run Code configuration",命令如图1-2-7中①~③处所示,在右侧选项中下滑找到"Run in Terminal"并选中(图1-2-7中④处),再找到"Save File Before Run"并选中(图1-2-7中⑤处),关闭设置即可。

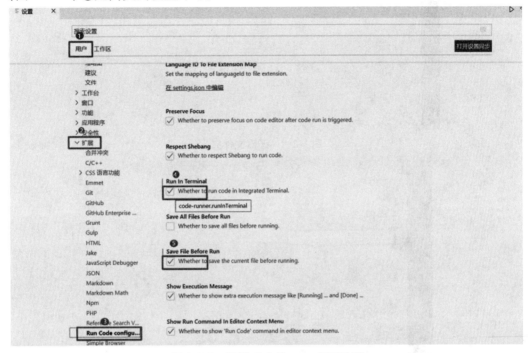

图1-2-7　设置 CodeRunner 扩展选项

经过上述6个步骤的安装和设置,我们已经搭建好了C语言的集成开发环境,下面我们使用新的集成开发环境输入任务1中的first.c程序并运行。

四、使用搭建好的集成开发环境输入运行 first.c

1. 新建文件夹"1"

在打开的工作区下方空白处单击鼠标左键(图1-2-8中①处),单击上方"新建文件夹"按钮(图1-2-8中②处),在出现的输入框中输入"1"(图1-2-8中③处),按回车键即可。

2. 新建C语言程序文件"first.c"

单击新建的文件夹"1"(图1-2-9中①处),然后单击工作区上方"新建文件"按钮(图1-2-9中②处),在出现的输入框中输入"first.c"(图1-2-9中③处),按回车键即可。

3. 输入运行任务1中的first.c程序内容

在VS Code左侧编辑器(图1-2-10中①处)中输入程序内容,然后单击右上方 按钮右侧的下拉箭头(图1-2-10中②处),单击第二个选项"Run Code"(图1-2-10中③处),即可编译运行。

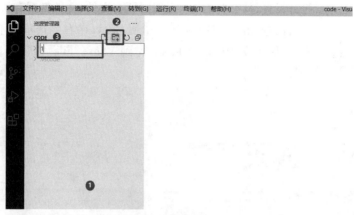

图 1-2-8　新建文件夹

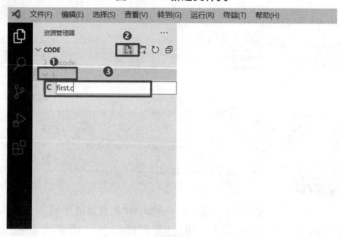

图 1-2-9　新建 first.c 文件

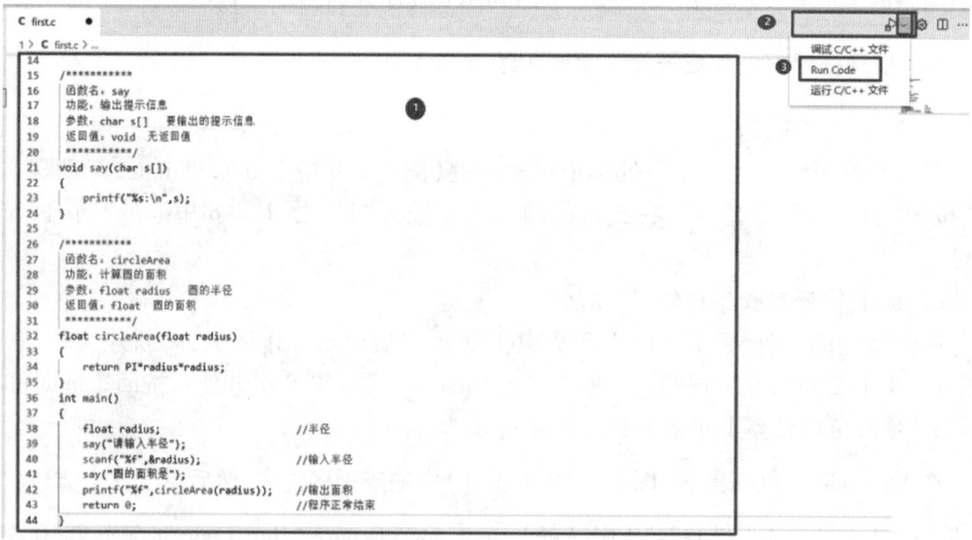

图 1-2-10　输入运行 C 语言程序

4. 为程序输入数据并显示结果

程序运行显示在代码编辑器的下方"终端"窗口中(图 1-2-11 中①处),程序如果需要输入数据,"终端"窗口中会有光标闪烁,在此处输入数据(图 1-2-11 中②),按回车键,继续运行程序,显示运行结果(图 1-2-11 中③处)。

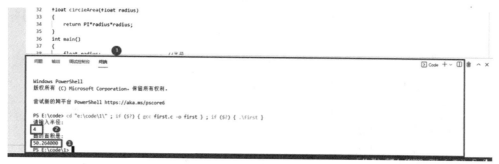

图 1-2-11　程序运行终端

试一试

(1) 在 VS Code 中输入 C 语言程序和在记事本中输入 C 语言程序有什么不同?

(2) C 语言源程序中有注释和没有注释有什么不同?

项目小结

本项目中任务 1 介绍了 C 语言的历史、结构和编写标准及基本规范;任务 2 介绍了 C 语言程序的编译过程、编译器和集成开发环境,通过搭建集成开发环境和运行一个 C 语言程序,讲解了如何搭建和操作集成开发环境及 C 语言程序的编译运行过程。通过本项目的学习实践,读者可以大致了解 C 语言及以后使用的开发环境,为后续学习打好基础。

拓展阅读

黄令仪(1936 年 12 月 8 日—2023 年 4 月 20 日),原名廖文蒂,出生于广西南宁,微电子领域专家,生前是中国科学院微电子研究所研究员。

黄令仪毕生致力于集成电路事业的发展,长期在研发一线,参与了从分立器件、大规模集成电路,到通用龙芯 CPU 芯片的研发。黄令仪被誉为"中国龙芯之母",她是中国微电子领域元老级专家。

1958 年,黄令仪主攻半导体器件;1960 年,进行半导体二极管研究;1962 年,进行厚膜电阻译码器二极管矩阵研究;1973 年,投入 013 大型通用计算机的研制;1990 年,钻研各种集成电路的设计方法,从建立版图库、时序库开始,到寄生参数对性能的影响、时钟树的生成、全局规划、时序驱动布线等,全定制、标准单元、宏单元的设计方法等。黄令仪参与研发的 156 计算机是我国第一台远程运载火箭控制系统制导计算机,开创了我国集成电路与计算机发展史上的新纪元,翻开了航天微电子与计算发展的第一页。龙芯 1 号芯片的全定制宏单元设计是由黄令仪负责的,包括寄存器、IO PAD 等;2002 年,参与龙芯 2

号的研制,负责芯片的物理设计和质量控制工作。从寄存器到 IO PAD,再到处理器核;2007 年,参与龙芯 3 号定制模块的物理设计。首款龙芯 3 号于 2009 年研制成功,集成 4 个处理器核,主频达到 1 GHz。

课后习题

一、单选题

1. ( )是构成 C 语言程序的基本单位。
   A. 函数　　　　B. 过程　　　　C. 子程序　　　　D. 子例程
2. C 语言是从( )开始执行的。
   A. 程序中第一条可执行语句　　　　B. 程序中第一个函数
   C. 程序中的 main( )函数　　　　D. 包含文件中的第一个函数
3. 下列关于 C 语言的说法错误的是( )。
   A. C 语言程序的工作过程是编辑、编译、连接、运行
   B. C 语言不区分大小写
   C. C 语言程序的三种基本结构是顺序、选择、循环
   D. C 语言程序从 main( )函数开始执行
4. C 语言中,语句结束用( )。
   A. 句号　　　　B. 逗号　　　　C. 分号　　　　D. 括号
5. 计算机能直接执行的程序是( )。
   A. 源程序　　　　B. 目标程序　　　　C. 汇编程序　　　　D. 可执行程序
6. C 语言源程序的扩展名是( )。
   A. .exe　　　　B. .obj　　　　C. .txt　　　　D. .c
7. C 语言属于( )。
   A. 汇编语言　　　　　　　　B. 高级语言
   C. 机器语言　　　　　　　　D. 以上均不属于
8. 下列选项中,( )是多行注释。
   A. //　　　　B. /*…*/　　　　C. \\　　　　D. #

二、判断题

1. C 语言是高级语言。　　　　　　　　　　　　　　　　　　　　　　(   )
2. C 语言程序中每一行只能写一条语句。　　　　　　　　　　　　　　(   )
3. C 语言必须用 main 作为主函数名,程序将从此开始执行,直至结束。　(   )

三、填空题

1. 计算机语言经历了机器语言、汇编语言和_____几个阶段。
2. 一个用 C 语言编写的程序是从_____开始执行的。

四、问答题

1. 集成开发环境集成了哪些功能?
2. 编译器的作用是什么?

项目二 认识数据

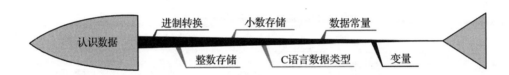

任务1　将数据存储到计算机中

【任务目标】

知识目标：掌握十进制、二进制、八进制、十六进制数据相互转换的方法，掌握数在内存中的存储方式。

技能目标：知道数据在内存中的样式。

品德品格：建立反向思考的思维习惯。

【任务描述】

小明通过学习已经知道了计算机只识别二进制，但是不明白现实中的各种数据是如何转换为二进制的，为什么还要有八进制和十六进制，同样的二进制为什么又可以表示不同的数据？

接下来，通过实现下面的任务来解答他的问题。

任务如下：

① 写出下列数据的二进制数、八进制数和十六进制数。

　　78　　　15　　　127

19.3   0.25   3459.392

② 写出下列数据在一字节的内存中的二进制数。

49   −49   −1   127

【预备知识】

一、进制

进制是人们利用符号来计数的方法。进制由基本符号和两个基本因素基数与位权构成。基本符号是进制中每一位所能使用的符号;位权是进制中每一固定位置对应的单位值;基数是进制中能使用基本符号的个数。

1．十进制

日常生活中常用进制,逢十进一,借一当十。

基本符号:0、1、2、3、4、5、6、7、8、9。

基数:10。

位权:10^{n-1}、10^{n-2}、…、10^0、10^{-1}、…、10^{-m}。

2．二进制

计算机数据存储使用的进制,逢二进一,借一当二。

基本符号:0、1。

基数:2。

位权:2^{n-1}、2^{n-2}、…、2^0、2^{-1}、…、2^{-m}。

3．八进制与十六进制

利用八进制与十六进制,可以更方便地表示二进制数。

八进制:逢八进一,借一当八。

基本符号:0、1、2、3、4、5、6、7。

基数:8。

位权:8^{n-1}、8^{n-2}、…、8^0、8^{-1}、…、8^{-m}。

十六进制:逢十六进一,借一当十六。

基本符号:0、1、2、3、4、5、6、7、8、9、A、B、C、D、E、F。

基数:16。

位权:16^{n-1}、16^{n-2}、…、16^0、16^{-1}、…、16^{-m}。

想一想:还有哪些你知道的进制?

二、进制数之间的相互转换

1．将十进制数转换为二进制数

(1) 整数部分。

转换方法:除2取余至商为0,逆向取值。

例 2-1-1 将十进制数 211 转换为二进制数。

211/2 = 105------------------------ 余 1 最后一位,取余数作为整数部分的最低位
105/2 = 52------------------------ 余 1 …
52/2 = 26------------------------ 余 0 …
26/2 = 13------------------------ 余 0 …
13/2 = 6------------------------ 余 1 第四位
6/2 = 3------------------------ 余 0 第三位
3/2 = 1------------------------ 余 1 第二位
1/2 = 0------------------------ 余 1 商为 0,取余数作为结果的最高位

故 $(211)_{10} = (11010011)_2$。

(2) 小数部分。

转换方法:乘 2 取整至小数部分为 0 或指定位数,顺序取值。

例 2-1-2 将十进制数 0.21 转换为二进制数(取到小数点后 8 位)。

0.21 × 2 = 0.42----------取整数 0 第一位,取整数部分作为小数点后第一位
0.42 × 2 = 0.84----------取整数 0 第二位
0.84 × 2 = 1.68----------取整数 1 第三位
0.68 × 2 = 1.36----------取整数 1 第四位
0.36 × 2 = 0.72----------取整数 0 …
0.72 × 2 = 1.44----------取整数 1 …
0.44 × 2 = 0.88----------取整数 0 …
0.88 × 2 = 1.76----------取整数 1 第八位,无法乘到小数部分为 0,至指定位数结束。

故 $(0.21)_{10} \approx (0.00110101)_2$。

总结:将十进制数转换为二进制数时,整数部分可以准确转换,小数部分只能取近似值,转换为二进制的小数位数越多,其与十进制数越接近。

2. 将二进制数转换为十进制数

(1) 整数部分。

转换公式为 $\sum_{i=1}^{n} a \times 2^{i-1}$。式中,a 为二进制整数每个位置上的数;i 为从小数点左端第一个数始,每个数的位置。

例 2-1-3 将二进制数 11010 转换为十进制数。

$(11010)_2 = 1 \times 2^{(5-1)} + 1 \times 2^{(4-1)} + 0 \times 2^{(3-1)} + 1 \times 2^{(2-1)} + 0 \times 2^{(1-1)}$
$= 16 + 8 + 0 + 2 + 0$
$= (26)_{10}$

(2) 小数部分。

转换公式为 $\sum_{i=1}^{n} a \times 2^{-i}$。式中,a 为二进制小数每个位置上的数;i 为从小数点右端第一个数始,每个数的位置。

例2-1-4 将二进制数0.101转换为十进制数。

$$(0.101)_2 = 1 \times 2^{(-1)} + 0 \times 2^{(-2)} + 1 \times 2^{(-3)}$$
$$= 0.5 + 0 + 0.125$$
$$= (0.625)_{10}$$

总结：将二进制数转换为十进制数时，可以准确转换。

3．二进制数与八进制数的相互转换

每一位八进制数对应三位二进制数，如表2-1-1所示。

例2-1-5 将八进制数123.321转换为二进制数。

1	2	3.	3	2	1
001	010	011.	011	010	001

结果：$(123.321)_8 = (1\ 010\ 011.\ 011\ 010\ 001)_2$

例2-1-6 将二进制数1101101.0110011转换为八进制数。

从小数点开始，分别向左（整数）、向右（小数）每三位数一组，不够位数的填0补充（左边补左，右边补右），每三位二进制数转换成相应的一位八进制数。

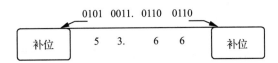

结果：$(1101101.0110011)_2 = (155.314)_8$

4．二进制数与十六进制数的相互转换

每一位十六进制数对应四位二进制数，如表2-1-1所示。

例2-1-7 将十六进制数ABC.963转换为二进制数。

A	B	C.	9	6	3
1010	1011	1100.	1001	0110	0011

结果：$(ABC.963)_{16} = (1010\ 1011\ 1100.\ 1001\ 0110\ 0011)_2$

例2-1-8 将二进制数1010011.0110011转换为十六进制数。

从小数点开始，分别向左（整数）、向右（小数）每四位数一组，不够位数的填0补充（左边补左，右边补右），每四位二进制数转换成相应的一位十六进制数。

结果：$(1010011.0110011)_2 = (53.66)_{16}$

表 2-1-1　部分十进制数、二进制数、八进制数、十六进制数数值对照表

十进制	二进制	八进制	十六进制	十进制	二进制	八进制	十六进制
1	1	1	1	9	1001	11	9
2	10	2	2	10	1010	12	A
3	11	3	3	11	1011	13	B
4	100	4	4	12	1100	14	C
5	101	5	5	13	1101	15	D
6	110	6	6	14	1110	16	E
7	111	7	7	15	1111	17	F
8	1000	10	8	16	10000	20	10

三、数据存储空间

在计算机中所有信息的存储、处理与传输都采用二进制形式。程序运行时,会将数据读入内存中等待 CPU 调用执行,不同的数据所占空间和解释方式是不相同的。

1. 存储空间

计算机存储数据时都是有一定长度的,通常使用字节(B 或 byte)为单位存储数据的二进制,构成信息的最基本单位。1 字节为 8 位(b 或 bit),每位只能存储 1 位二进制数。

2. 存储单位

位(bit)为计算机存储信息的最小单位,二进制的一个"0"或一个"1"叫一位。

计算机存储容量的基本单位是字节(Byte),8 个二进制位组成 1 字节,通常一个标准英文字母占 1 字节,一个标准汉字占 2 字节。

3. 进位制

计算机存储容量大小以字节数来度量,采用 1024(2^{10})进位制。

　　1024 B = 1 KB
　　1024 KB = 1 MB
　　1024 MB = 1 GB
　　1024 GB = 1 TB

依次还有 PB(拍)、EB(艾)、ZB(泽)、YB(尧)、BB(珀)、NB(诺)、DB(刀)。

四、数的存储方式

数有整数和小数,也有正数和负数,在计算机中有不同的方式来存储这些信息。

1. 正、负符号存储方式

在计算机中正、负符号用一位二进制数表示,0 为正,1 为负,规定数据所占的存储空间中最高位为符号位。图 2-1-1 表示的是 1 字节存储空间中符号位与数值位的位置。

8 bit	符号位	数		值		位	

图 2-1-1　1 字节存储空间中符号位与数值位

2. 数的存储方式

在计算机中数的存储方式一般有两种：定点数和浮点数。

（1）定点数。

定点数就是小数点在固定的位置，不占用存储位，一般用来存储整数和绝对值小于1的小数，小数和整数的小数点位置不同。

定点整数：规定小数点位置固定在数据的最低位之后，如图 2-1-2 所示。

图 2-1-2　定点整数小数点的位置

定点小数：规定小数点的位置固定在符号位之后，如图 2-1-3 所示。

图 2-1-3　定点小数小数点的位置

（2）浮点数。

浮点数由两部分组成：尾数部分和阶码部分（图 2-1-4）。

任意一个二进制数 N 可以表示为 $N = S \times 2^P$ 形式。其中 S 是一个纯小数，表示数 N 的全部有效数字，称为尾数；P 是一个二进制整数，表示小数点的位置，称为阶码。例如：

$110.1_{(2)} = 0.1101 \times 2^{11}$

S：0.1101

P：11（十进制为3），即 S 的小数点向右移动 3 位。

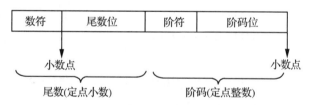

图 2-1-4　浮点数的存储方式

由图 2-1-4 可以看出，浮点数的存储方式实际上是由定点小数和定点整数组成的，用来存储更大的数，一般计算机里存储的小数都是这种方式。

五、有符号整数的存储码

在计算机中是没有减法运算的，减法运算其实是加上减数的相反数，为了解决减法运算的问题，有符号整数并不是以直接转换的二进制存储至计算机中的，而是以补码的形式存入。

1. 原码

将数值直接转换为二进制数，用二进制数的最高一位表示符号位，正数为0，负数为1，其他位存放这个数绝对值的二进制用，这种方法表示的二进制数就是原码。

计算机存储数据时都是有一定长度的,一个数至少用1字节(8位二进制数)存储,即0在计算机中表示为00000000。原码的最高位为符号位,即最左端的一位表示符号,不计算数值,所以00000000表示的是+0,10000000表示的是-0。

2. 反码

反码主要用于处理负数问题,所以反码的计算方法是:正数的反码就是原码,负数的反码就是其原码除符号位外,按位取反所得的二进制数,反码(除符号位外)按位取反得到原码。

3. 补码

补码的计算方法是:正数的补码就是原码,负数的补码等于其反码加1,补码按位取反(符号位不变)+1得到原码。

例如,计算1和-1的补码(以一字节存储长度为例):

1的补码为00000001(原码);-1的原码为10000001,反码为11111110,补码为11111111。

到目前为止,计算机中所有有符号整数都是以补码存储的,只不过正整数的补码就是原码,所以实际上可以说只有负整数要转换成补码存储,读取时如果一个有符号数的二进制数的最高位为1,则应当将这个二进制数进行按位取反(符号位不变)+1计算后得到正确存储的值。

【任务实现】

(1) 本任务中各数对应的二进制数、八进制数、十六进制数如下:

78:	$(1001110)_2$	$(116)_8$	$(4E)_{16}$
15:	$(1111)_2$	$(17)_8$	$(F)_{16}$
127:	$(1111111)_2$	$(177)_8$	$(7F)_{16}$
19.3:	$(10011.0100110011)_2$	$(23.2314)_8$	$(13.4CC)_{16}$
0.25:	$(0.01)_2$	$(0.2)_8$	$(0.4)_{16}$
3459.392:	$(110110000011.0110010001)_2$	$(6603.3104)_8$	$(D83.644)_{16}$

(2) 各数对应的二进制数如下:

49:	00110001
-49:	11001111
-1:	11111111
127:	01111111

试一试

(1) 有符号8位整数-1存储在计算机中的二进制数是什么?

(2) 无符号8位整数127存储在计算机中的二进制数是什么?

项目二 认识数据

任务2　在C语言中使用数据

【任务目标】

知识目标：掌握C语言基本数据类型，掌握C语言基本类型常量数据的书写方式，掌握C语言变量的使用方法。

技能目标：能够输入并运行C语言程序。

品德品格：提倡节约、拒绝浪费是基本的道德规范。

【任务描述】

小明已经知道了数据在内存中的存储形式，现在他想知道如何使用内存中的数据，是不是所有数据使用的存储长度都一样？

任务：下面场景应该使用什么类型的变量？

（1）小明的年龄。

（2）小明的身高。

（3）小明的数学成绩等级（A、B、C、D、E）。

【预备知识】

一、C语言的数据类型

大家想一想，学校的教学楼为什么要设计有大小不一样的教室？若都设计成一样大的教室可不可以？

答案显然是不可以，不同面积的教室有不同的用处，统一建设成大教室，多数时候会有很大空间空闲，造成资源浪费；统一建设成小教室，有时候空间又不够，无法满足教学需要。所以教学楼在设计时就考虑到了不同面积的教室的使用方式和功能。程序设计语言的编译器对不同种类的数据规定了不同的内存使用方式。所谓数据类型，就是内存的使用方式（如长度和存取数据方式）。不同的程序设计语言规定的数据类型也不一样，但基本类型都可以分为整型、浮点型、字符型这三种类型，只不过有的语言分得细一些，定义的类型多一些。

C语言的数据类型非常丰富，可以分为基本数据类型、构造数据类型和其他类型三大类，如图2-2-1所示。

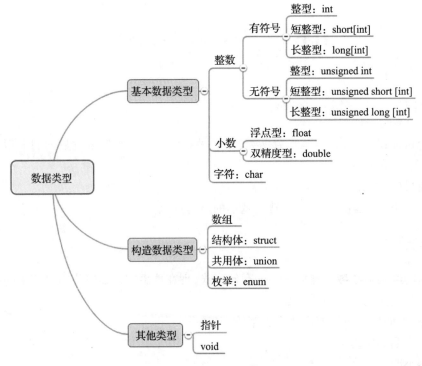

图 2-2-1　C 语言的数据类型

构造数据类型和其他类型都是基于基本数据类型扩展定义的,故只要掌握了基本数据类型,就可以很容易理解更复杂的数据类型。

表 2-2-1 列出了 C 语言基本数据类型的类型定义符号、占用空间及存储范围。

表 2-2-1　C 语言的基本数据类型

类型定义符号	占用空间	存储范围
short[int]	2 字节	短整型,数值范围:$-2^{15} \sim 2^{15}-1$
int	4 字节	整型,数值范围:$-2^{31} \sim 2^{31}-1$
long[int]	4 字节	长整型,数值范围:$-2^{31} \sim 2^{31}-1$
unsigned short[int]	2 字节	无符号短整型,数值范围:$0 \sim 2^{16}-1$
unsigned int	4 字节	无符号整型,数值范围:$0 \sim 2^{32}-1$
unsigned long[int]	4 字节	无符号长整型,数值范围:$0 \sim 2^{32}-1$
float	4 字节	浮点型,存储方式:1 位符号位,8 位指数位,23 位小数位
double	8 字节	双精度型,存储方式:1 位符号位,11 位指数位,52 位小数位
char	1 字节	字符型,整数(0~127)

注:

① 整型、短整型、长整型:都是以定点整数方式存放有符号整数,只不过存储数值的大小不同,可根据使用数据的最大值来确定使用哪种数据类型。

② 无符号整型:只能存储正整数,因为没有符号,即没有符号位,所以可存储正数值比有符号类型整数相应要大一倍左右。

③ 关于 int 和 long 的存储长度,不同的编译器在不同的操作系统下规定不同,GCC 编译器在

Windows 64位操作系统下,int 和 long 数据类型都占用4字节。

④ 浮点型与双精度型:都使用浮点数方式存放小数数据,只不过存储数据的精度和存储数据的范围不同,双精度在精度和存储范围上都远远大于浮点型。

⑤ 字符型:以字符编码形式存储文字字符,字符编码是一个整数。

二、常量

常量是指程序在运行过程中其值不能改变的量。常量不占内存,在程序运行时它作为操作对象直接出现在运算器的各种寄存器中。

C语言的常量通常有两种:普通常量和符号常量。不同类型数据常量表示方法也不相同,通常可分为整型常量、实数常量、字符常量和字符串常量。

1. 整型常量

整型常量根据进制不同,可以分为十进制整型常量(有符号)、八进制整型常量(无符号)、十六进制整型常量(无符号)。

① 十进制整型常量。如10、-35、78、0等。

② 八进制整型常量。以"0"(零)开头的整数,如010、017等。

③ 十六进制整型常量。以"0(零)x"或"0X"开头的整数,如0x10、0Xff、0xCD等。

2. 实型常量

实型常量通常有两种写法:纯小数和科学记数法。

① 纯小数常量。如-0.1、3.14、10.0等。

② 科学记数法(指数形式)常量。以"e"或"E"做指数分隔,如$1.23E-5(1.23 \times 10^{-5})$、$2.0124e12(2.0124 \times 10^{12})$、$-1.0e5(-1.0 \times 10^5)$等。

注意:

① E后面只能是不超过3位数的整数。

② E前面小数不能省略,小数和E之间不能有空格。

③ E前面的小数可以写成任何形式,通常以小数点前是一位大于0的小数写法作为规范写法,如1.23×10^5。可以有如下写法:1.23E5(规范写法)、12.3E4、0.123E6。

3. 字符常量

字符常量用于表示一个字符,一个字符常量要用一对英文半角格式的单引号(' ')括起来。C语言通常有两种写法:普通字符和转义字符。

(1) 普通字符。

括在单引号中的一个符号,如'a'、'A'、'+'和''等。如果''之间没有任何字符,则视为空字符,即0。

注意:C语言采用的是ASCII字符集来表示字符,具体见附录1。

(2) 转义字符。

当无法用键盘直接输入字符时用转义字符来表示,转义字符是以反斜杠'\'开头的,随后接特定的字符,如'\n'、'\\'、'\100'和'\x41'等。表2-2-2列出了一些常见转义字符。

表 2-2-2　常见转义字符

转义字符	含义	ASCII 值
\b	退格(BS),将当前位置移到前一列	8H
\n	换行(LF),将当前位置移到下一行开头	10H
\r	回车(CR),将当前位置移到本行开头	13H
\t	水平制表(HT)	9H
\'	单引号	39H
\"	双引号	34H
\\	反斜杠	92H
\ddd	1~3 位八进制数所代表的任意字符	三位八进制
\xhh	1~2 位十六进制数所代表的任意字符	二位十六进制

4. 字符串常量

字符串常量是指由一对英文双引号("")括起来的字符(包括转义字符)所组成的常量。如"ABC"、"123.5"和"I\'m a student"等。

5. 符号常量

用一个符号来表示一个常量,这个标识符称为符号常量。

符号常量在使用之前必须先定义,一般在所有函数之前定义,可使用#define 或 const 来定义符号常量。习惯上符号常量的标识符全部大写。

(1) #define 定义。

格式:

#define 标识符 常量

#define 是一条预处理命令(预处理命令都以"#"开头),称为宏定义命令,其功能是把该标识符定义为其后的常量值。一经定义,以后在程序中所有出现该标识符的地方均代之以该常量值。例如:

`#define D_PI 3.1415        // 定义全局变量`

说明:C 语言中,/*…*/和// 都起到注释作用,其中/* 和 */必须成对出现;注释部分对程序的运行不起作用,它是为了帮助人们更好地阅读和理解程序,一个好的程序应该有详细的注释。

(2) const 定义。

格式:

const 类型 标识符 = 常量;

例如:

`const double D_PI =3.1415;    // 定义全局变量`

注意:声明常量时必须提供常量的类型和值。

(3) 使用符号常量的优点。

使用符号常量可以使含义清楚,能做到"一改全改"。

三、变量

现实生活中我们会经常使用不同的空间存放各类物品,并使用不同的名字进行标识,比如衣柜、橱柜等,方便以后查找。计算机也是一样,程序运行时分配一段内存,规定用它来存放指定类型的数据,并起一个名字,方便以后使用。这段内存就是变量,它的名字就是变量名,我们可以通过变量名,随时将数据存储到变量中,也可以从变量中读取数据。

在程序中,可以将数据存放到变量中,方便随时取出来再次使用。变量的功能就是存储数据,存储在变量中的数据称为变量的值。

不同类型的数据占用内存长度不同,存取方式也不相同,所以变量一定要指定类型。

1. 定义变量

在日常生活中,想要存放物品,就一定要有相应的空间,同样地,想要将数据存放到变量中,就一定得先分配一段内存,定义变量就是告诉编译器分配符合指定类型要求的一段内存,并为其命名。

变量名属于用户自定义标识符的一种,其命名要遵守 C 语言标识符命名规则。

定义变量的基本语法格式:

变量类型 变量名[=值][,变量名 =值]…;

注:

① 定义变量必须指定变量类型和变量名。
② 定义变量时可以将指定数据存放到变量中([=值]),这叫赋初值。
③ 可同时定义多个相同类型的变量,变量名之间用","分隔。
④ 定义变量语句后使用";"结束。

例如:

```
int i = 0;              // 定义整型变量 i,并初始化变量值为 0(赋初值)
double d = 1.0;         // 定义双精度类型变量 d,并初始化变量值为 1.0
char c = 'a';           // 定义字符型变量 c,并初始化变量值为字符'a'(65)
float f_r, f_area;      // 定义浮点类型变量 f_r 和 f_area,没有赋初值
```

2. 使用变量

变量的功能是存储数据,存储数据的目的是更方便地使用其中的数据,所以定义变量就是为了使用变量,如果定义了变量而不使用变量,就像盖了房子不住一样,浪费资源。

使用变量就是对变量所指定的内存单元进行存值(写)和取值(读)操作。

使用变量之前必须先定义变量,取值之前必须先存值,即先定义后使用,先存后取。

例如:

```
float f_r, f_area;         // 定义变量
f_r = 5;                   // 为变量赋值(存)
f_area = 3.14 * f_r * f_r  // 取出 f_r 的值进行计算,将结果存入变量 f_area
```

使用变量时只有为变量赋值(变量名在" = "左端)是写操作,可以改变变量的值,其

他情况都是读操作,不能改变变量的值。

为变量赋值是覆盖式赋值,会清除原来的数据。

【任务实现】

小明经过前面的学习,已经掌握了 C 语言的基本数据类型、常量和变量的使用方法,下面就是他按任务要求定义的变量,并进行了赋值。

(1) 小明的年龄。

年龄一般都是整数,而且数据无须太大,小明今年 19 岁,他使用了下面的定义:

```
short age = 19;
```

(2) 小明的身高。

身高一般是以米(m)为单位,数据也不需要太精确,小明的身高是 1.72 m,他使用了下面的定义:

```
float height = 1.72;
```

(3) 小明的数学成绩等级(A、B、C、D、E)。

成绩等级只用一个字母表示,小明数学成绩等级是 A,他使用了下面的定义:

```
char math_score = 'A';
```

大家认为小明定义得对吗?

项目小结

本项目在任务 1 中介绍了计算机使用的数据进制(二进制)与常用进制(十进制、八进制、十六进制)之间转换的方法、如何在内存中存储数据(定点数、浮点数、补码)。在任务 2 中介绍了 C 语言常用的基本数据存储方式[基础数据类型(int、float、double、char)]、常量表示方法(整数、小数、字符、字符串、符号常量)和变量的使用方法。读者通过学习实践,了解数据在内存的样式及内存的读取方法,为学习后面的程序设计打下坚实的基础。

课后习题

一、单选题

1. 数 2101 一定不会是(　　)。

　A. 二进制数　　　B. 八进制数　　　C. 十进制数　　　D. 十六进制数

2. 大写字母的 ASCII 值比对应的小写字母的 ASCII 值(　　)。

　A. 大 26　　　　B. 小 26　　　　C. 大 32　　　　D. 小 32

3. 下列定义变量的语句正确的是(　　)。

　A. dim a as integer;　　　　　　B. int a,b;

C. int a = 10;b = 20;   D. 以上都不对

4. 下列定义符号常量的语句正确的是(　　)。
A. #define PI = 3.1415   B. #define PI 3.1415;
C. const double PI = 3.1415;   D. const PI 3.1415

5. 有以下定义语句,编译时会出现编译错误的是(　　)。
A. char a = 'a';   B. char a = '\n'
C. char a = 'aa';   D. char a = '\x2d';

6. 下列字符串常量正确的是(　　)。
A. "\\"   B. 'abc'   C. OlympicGames   D. 'A'

7. 下列书写 C 语言整型常量错误的是(　　)。
A. 10   B. 0x12   C. 1.00   D. 010

8. 在 C 语言中,char 类型数据占(　　)。
A. 1 字节   B. 2 字节   C. 4 字节   D. 8 字节

二、判断题

1. 十进制数可以完美(无损)地转换成二进制数。　　　　　　　　　　　　(　　)
2. 数值 010 和数值 10 相同。　　　　　　　　　　　　　　　　　　　　(　　)
3. 变量可以同时有多个值。　　　　　　　　　　　　　　　　　　　　　(　　)
4. C 语言变量定义完可直接使用,默认值为 0。　　　　　　　　　　　　　(　　)
5. 十进制数 15 的二进制数是 1111。　　　　　　　　　　　　　　　　　(　　)
6. 整数 -32100 可以赋值给 int 型和 long int 型变量。　　　　　　　　　(　　)

三、填空题

1. 二进制数 11001.11 转换为十六进制数为_____。
2. 字符串 "a\bcd" 有_____个字符。
3. 8 位存储单元中的值为 11111110,换算为实际的十进制数应该为_____。
4. 十进制数 19 转换为二进制数为_____。
5. 二进制数 111.111 转换为十进制数为_____。
6. 标识符只能由字母、数字和_____组成。

四、问答题

1. 写出 C 语言基本数据类型的定义名及所占内存长度。
2. 定义变量时必须要有哪两个信息? 变量使用的基本原则是什么?

项目三 计算数据

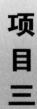

任务1 计算三角形的面积

【任务目标】

知识目标:掌握算术运算符的运算规则,掌握常用数学运算函数的使用方法。
技能目标:能够正确书写数学计算表达式。
品德品格:培养学生行为规范、注重细节、做事严谨的态度。

【任务描述】

小明想通过程序计算一些数学问题,他想知道如何在程序中书写数学计算式,需要注意什么?

接下来,通过学习实现下面的任务来解答他的问题。

任务:已知三角形的三条边(a、b、c),写出计算该三角形的面积 s 的表达式。

【预备知识】

一、运算符与表达式

1. 运算符

C语言运算符是说明特定操作的符号,它是构造C语言表达式的工具。C语言的运算符丰富,除了控制语句和输入/输出语句以外的几乎所有的基本操作都为运算符处理。

2．表达式

运算符操作的数据称为操作数,使用运算符将操作数连接而成的式子称为表达式。表达式具有如下特点：

① 常量和变量都是表达式。
② 运算符的类别对应表达式的类别。
③ 每个表达式都有运算结果。

3．运算符的优先级和分类

在对一些比较复杂的表达式进行运算时,要明确表达式中所有运算符参与运算的先后顺序,这种顺序叫作运算符的优先级。C语言运算符优先级可参见附录2,运算符的优先级数字越小,优先级越高。同一优先级的运算符,运算次序由结合方向所决定。

C语言的运算符按运算功能主要分为以下几个类别:算术运算符、关系运算符、逻辑运算符、位运算符、赋值运算符、条件运算符。

另外,根据操作数的数量,可以分为单目运算符、双目运算符和三目运算符。

二、算术运算

C语言程序中用算术运算处理常见数学计算,通常使用处理四则运算的算术运算符和处理常用的数学计算公式的数学函数组成运算表达式。

1．算术运算符

算术运算符就是用来处理四则运算的符号,这是最简单、最常用的运算符号。算术运算符与数学中的算术运算符作用一样,但其计算结果与数学中的算术运算结果稍有不同。

运算规则:()优先;优先级小的先运算,优先级相同时,由左向右计算,如表3-1-1所示。

表3-1-1 算术运算符

运算符	运算	范例	结果	操作数个数	优先级	结合方式
+	正号	+5	5	单目	2	从右向左
-	负号	a = 8、-a;	-8			
+	加	6 + 4	10	双目	4	从左向右
-	减	6 - 4	2			
*	乘	4 * 5	20		3	
/	除	5/4、5/ -4、-5/4	1、-1、-1			
%	取模(求余)	7%5、-7%5、7% -5	2、-2、2			

特别说明：

/：除运算的除数如果是0,会发生运行时的错误;操作数都为整数时,结果为整数,小数部分舍弃。

%：模(求余)运算的操作数要求必须是整数;结果的符号(正负值)由被除数(第一个操作数)决定,与除数(第二个操作数)无关。

例如:

5/2	结果为2,因5、2都是整数,结果为整数
5.0/2	结果为2.5,因有小数参与运算,结果为小数
8.5%3	错误,因为操作数必须是整数
8%3	结果为2
-8%3	结果为-2
8%-3	结果为2

2. 标准数学库函数

C语言提供了很多编写好的函数,供用户在编程时使用,这些函数被称为库函数,使用前一定要用#include 命令将头文件包含进来。C语言在"math.h"头文件中声明了常用的一些与数学相关的运算函数,比如乘方、开方、指数、三角函数等运算。

下面介绍几个常用的数学计算函数,其他函数请参见附录4。

(1) int abs(int i)。

功能:求整数的绝对值。

参数:int i(必须是整数)。

计算结果:i 的绝对值。

例如:

```
abs(-5)        // 结果为5
abs(5)         // 结果为5
```

(2) double exp(double x)。

功能:求底数 e 的 x 次方。

参数:double x 为指数。

计算结果:e^x。

例如:

```
exp(5);        // 结果为e^5
```

(3) double pow(double x, double y)。

功能:求 x 的 y 次方。

参数:double x 为底数,double y 为指数。

计算结果:x^y。

例如:

```
pow(2,5);      // 结果为2^5
```

(4) double sqrt(double x)。

功能:求 x 的平方根。

参数:double x 为操作数(非负实数)。

计算结果:$\sqrt{x}$。

例如:

```
sqrt(4);              // 结果为2
```

(5) double ceil(double x)。

功能:向上舍入。

参数:double x 为操作数。

计算结果:返回用双精度表示的大于等于 x 的最小的整数值。

例如:

```
ceil(4.2)             // 结果为5
ceil(-4.2)            // 结果为-4
```

(6) double floor(double x)。

功能:向下舍入。

参数:double x 操作数。

计算结果:返回用双精度表示的小于等于 x 的最大的整数值。

例如:

```
floor(4.2)            // 结果为4
floor(-4.2)           // 结果为-5
```

注意:使用以上函数时应在程序开始部分引入"math.h"头文件。

math.h 头文件还定义了几个常用常量:

```
M_PI        3.14159265358979323846
M_E         2.7182818284590452354
M_SQRT2     1.41421356237309504880
```

三、算术表达式

算术运算符和操作数组成的符合 C 语言规则的式子称为算术表达式。算术表达式的结果是数值,结果类型由参与运算的操作数类型决定:操作数都是整数的表达式,运算结果是整数;操作数有小数的表达式,运算结果是小数。

在书写算术表达式时应注意:

① C 语言表达式中只有( ),没有[ ]和大括号,多重括号先计算内层括号,再依次向外计算。

② 分式的分子和分母如果是多项式,一定要用( )括起来。

③ 表达式中的乘号"*"不能省略。

④ 简单的乘方运算最好写为乘法,而不使用 pow 函数。

例如,将数学公式 $\dfrac{-b+\sqrt{b^2-4ac}}{2a}$ 写成 C 语言表达式:

(-b+sqrt(b*b-4*a*c))/(2*a)

【任务实现】

分析：可使用海伦公式来计算三角形的面积。

$$海伦公式：s = \frac{\sqrt{(a+b+c)(a+b-c)(a+c-b)(b+c-a)}}{4}$$

所以三角形面积的 C 语言表达式为

$$s = sqrt((a+b+c)*(a+b-c)*(a+c-b)*(b+c-a))/4$$

任务2　判断是否能构成三角形

【任务目标】

知识目标：掌握 C 语言的关系运算符和逻辑运算符。
技能目标：能够根据条件写出关系运算和逻辑运算表达式并计算结果。
品德品格：培养学生行为规范和反向思考的习惯。

【任务描述】

小明已经能够正确地书写算术表达式，并可以使用三角形的面积公式计算面积，但是他想判断给出的三条边的长度是否能构成三角形，这应该怎么判断呢？

任务：根据给出的三条边的长度判断是否能构成三角形。

【预备知识】

一、关系运算

1. 关系运算符

关系运算是用来比较各值之间的大小关系。关系运算符连接两个操作数，运算结果表示它们之间的关系是否正确，正确为真，错误为假。

表 3-2-1　关系运算符

运算符	含义	范例	结果	优先级	结合性
<	小于	3<0、4>2	0、1	6	从左向右
>=	大于等于	9>=7、3>=5	1、0		
<=	小于等于	3<=4、5<=1	1、0		
>	大于	5>0、0>4	1、0		
==	等于	3==3、2==3	1、0	7	
!=	不等于	1!=1、1!=2	0、1		

六种关系运算可分为三组互斥的运算符：<与>=、<=与>、==与!=。

① <与>=：若a<b是假的，那么a>=b一定是真的；反之亦然。

② <=与>：若a<=b是假的，那么a>b一定是真的；反之亦然。

③ ==与!=：若a==b是假的，那么a!=b一定是真的；反之亦然。

2．关系表达式

最终计算是关系运算的表达式称为关系表达式。一个关系表达式也可以看作是解决问题的一个条件。

关系表达式的结果只有两种情况：即0（假）或1（真），即关系正确（真）时结果为1，关系错误（假）时结果为0。

注意：

① 关系运算只计算操作数（表达式）之间的关系。

② 判断两个操作（表达式）是否相等要用"=="运算符。

③ >=和<=包括相等的情况。

④ 最好不要连续使用关系运算符比较多个操作数，容易与数学不等式混淆，得不到预想的结果。例如，5>3>1在数学中是对的，但是在程序中这个表达式的结果为假。因为5>3的结果为1，1>1的结果为0。

⑤ 不建议对两个小数进行相等判断，因为小数在计算机中只是近似值，精度不同时，同一小数有可能不相同。

二、逻辑运算

在日常生活中，判断一件事情的真假往往受多个因素的制约，这就需要对复杂的情况进行逻辑分析。逻辑运算就是进行逻辑分析的过程。

1．逻辑运算符

表 3-2-2　逻辑运算符

运算符	含义	范例	结果	优先级	结合性
!	非	a=!a	0	2	右结合
&&	与	1&&0	0	11	左结合
||	或	1||0	1	12	左结合

运算规则：

!：逻辑非，非真即假，非假即真，!0的结果为1，!1的结果为0。

&&：逻辑与，又称为逻辑乘，只有两个操作数都是1（非0值）时，结果为1；否则结果为0。

\|\|：逻辑或，又称为逻辑加，只有两个操作数都是0时，结果为0；否则结果为1。

2．逻辑表达式

最终计算是逻辑运算的表达式，称为逻辑表达式。逻辑表达式表现的是多个条件的逻辑关系。

逻辑表达式的计算结果有0（假）或1（真）两种。

逻辑运算是多个关系运算的黏合剂，表达多个事物之间的复杂关系就需要使用逻辑运算。

例如，对于整数a，表明a的取值范围的表达式有如下几种。

正整数：a>=0。

a是大于5、小于20的一个整数：a>5 && a<20。而不可以写成：20>a>5。

a是大于20或者小于0的一下整数：a>20 || a<0。

例3-2-1 有a、b、c三个整型变量，a=2，b=3，c=5，求下列表达式的结果：

a && b

b/c && b+a

! a || ! b

a+b>c && a+c>b && b+c>a

b>a || c>b

b%2==0 && c%2==0 || a%2==0

计算分析：

a && b：a=2是非0值，为真(1)，b=3也是非0值，同样为真(1)，所以a&&b的结果为1。

b/c && b+a：运算符优先级顺序为/、+、&&，所以先计算b/c，结果为0，再计算b+a，结果为5，最后计算0&&5，结果为0。

! a || ! b：! 的优先级高于||，所以先计算 ! a，结果为0，再计算 ! b，结果为0，最后计算0||0，结果为0。

a+b>c && a+c>b && b+c>a：根据运算符的优先级，先算a+b、a+c、b+c，得5、7、8，再执行>运算符两边的数，最后执行的运算结果为0。

b>a || c>b：根据运算符的优先级，先执行>运算符两边的数，得1||1，再执行||运算符，结果为1。

b%2==0 && c%2==0 || a%2==0：根据运算符的优先级，先执行%运算符，得1==0&&1==0||0==0，再执行==运算符，得0&&0||1，再执行&&运算符，得0||1，最后执行运算符||，结果为1。

3. 短路运算

① 当&&的左端为0时，右端表达式将不进行计算，表达式的结果为0。

根据逻辑与(&&)运算的规则，只要有一个操作数是0，结果就是0，&& 运算又是从左向右计算，所以只要&&的左端操作数是0，不论右端的表达式结果是什么值，结果都是0，所以右端的表达式可以不用计算。

例如，5<3 && 12+20，左端5<3的结果为0，所以右端表达式12+20将不进行计算，整个表达式的结果为0。

② 当||的左端为1时，右端表达式将不进行计算，表达式结果为1。

根据逻辑或(||)运算的规则，只要有一个操作数是1，结果就是1，|| 运算又是从左向右计算，所以只要||的左端操作数是1，不论右端的表达式结果是什么值，结果都是1，所以右端的表达式可以不用计算。

例如,5＞3 || 12＋20,左端 5＞3 的结果为 1,所以右端表达式 12＋20 将不进行计算,整个表达式的结果为 1。

4. 关于逻辑运算的一些思考

(1) 逻辑非(!)表达了事物的两面性,如果你想了解一个事物,却始终无法看得透彻,那不妨试一下反方向去观察,有可能会得到一个满意的结果。

(2) 逻辑与(&&),设置的条件越多,想要全部满足这些条件就越难,事情就越不容易达成。例如,我们经常在电影中看到的一个场景,要打个银行金库的大门,往往需要两个人同时输入密码,同时扭动钥匙才能打开,缺少任何一个人或者任何一个密码错误或者任何一把钥匙不对都无法打开大门。

(3) 逻辑或(||),设置的条件越多,想要满足其中的任何一个条件就越容易,事情就越容易达成。例如,指纹锁,输入指纹人数越多,打开这个门的概率就越大。

总之,逻辑与,条件越多,路越窄;逻辑或,条件越多,路越宽。

【任务实现】

分析:因三角形的任意两边之和大于第三边,任意两边之差(绝对值)小于第三边。根据这个性质,只要全部满足上述关系就可以证明这三条边能构成三角形,否则就不能成三角形,所以使用"&&"运算符连接所有的关系运算。

任务实现:使用 a、b、c 三个整型变量存放三条边的长度,则使用下面的表达式来判断是否能构成三角形:

a+b＞c && a+c＞b && b+c＞a && abs(a-b)＞c && abs(a-c)＞b && abs(b-c)＞a

若表达式的结果是 1,则能构成三角形;若表达式的结果是 0,则不能构成三角形。

任务 3　利用位运算符加密、还原数据

【任务目标】

知识目标:掌握 C 语言的位运算符,掌握 C 语言与赋值相关的运算符。
技能目标:能够根据要求写出位运算和赋值运算表达式并计算结果。
品德品格:培养学生行为规范的习惯及查阅资料的能力。

【任务描述】

小明想要对数据进行简单的加密,并且可以通过相同的运算再将加密的数据还原,想看一下 C 语言的哪种运算可以实现他的要求。

任务:使用给定的密钥(key)通过相同的运算加密和解密数据(data)。

【预备知识】

一、位运算

1. 位运算符

位运算符(表3-3-1)是针对二进制整数的每一位进行相应运算的符号。

表 3-3-1 位运算符

运算符	含义	规则	范例	结果	优先级
~	取反	0变1,1变0	~0	1	2
&	按位与	两位都为1才为1,否则为0	0&0	0	8
			0&1	0	
			1&1	1	
|	按位或	两位都为0才为0,否则为1	0|0	0	10
			0|1	1	
			1|1	1	
^	按位异或	两位相同为0,不同为1	0^0	0	9
			0^1	1	
			1^1	0	
<<	左移	二进制位向左移动,高位(左)去掉,低位(右)补0	00000010 << 2	00001000	5
			10010011 << 2	01001100	
>>	右移	二进制位向右移动,低位舍去,高位补符号	01100010 >> 2	00011000	
			11100010 >> 2	11111000	

2. 位运算的特点及特殊用法

位运算是针对二进制位的精细操作,如果说算术运算是对数整体的宏观操作,那么位运算就是对数内部的微观操作。

注意:位运算操作的对象是整数,负数按补码的形式进行计算。

每种位运算符都有自己的运算特点。

① ~:按位取反,单目运算符,将操作数按位取相反的数,即~0等于1,~1等于0。

运算特点:符号位也取反,即正数变负数,负数变正数;运算可逆,~~a的结果还是a。

运算结果:对于整数a,~a运算的结果相当于 -(a+1)。例如,~5的结果是 -(5+1)等于-6;~(-6)的结果是 -(-6+1)等于5。

② &:按位与运算,双目运算符,将参与运算的两个数,按二进制位进行"与"(参考逻辑与)运算,即1&1等于1,1&0等于0,0&0等于0。按位与运算不可逆。

运算特点:和1位与,该位数不变;和0位与,该位数为0。

清零:a&0(全部位变为0),a&15(指定位置清零,保留低四位,其他高位变为0)。

取指定位的值:a&8(取a的第4位上的值),a&6(取a的第2位和第3位上的值)。

判断奇偶数:整数的二进制最后一位是 1 为奇数,最后一位是 0 为偶数,所有一个整数和 1 按位与运算,结果是 1 则是奇数,是 0 为偶数。

③ |:按位或运算,双目运算符。将参与运算的两个数,按二进制位进行"或"(参与逻辑或)运算,即 1|1 等于 1,0|1 等于 1,0|0 等于 0。按位或运算不可逆。

运算特点:和 0 位或,该位数不变;和 1 位或,该位数为 1。

下面介绍其特殊用法。

设置指定位置为 1:a|8(将 a 的第 4 位变为 1),a|15(将 a 的低 4 位变为 1)。

想一想:位或运算能否取指定位置的值?

④ ^:按位异或运算,双目运算符。将参与运算的两个数据,按二进制位进行"异或"运算,相应位值不同,结果为 1,相同为 0,即 1^1 等于 0,1^0 等于 0,0^0 等于 0。位异或运算可逆,即连续两次与同一个数进行按位异或运算,得到原值。

运算特点:和 0 位异或,该位数不变;和 1 位异或,该位数取反。所以按位异或运算又称不进位加法。

数据加密解密:(a^b)^b 等于 a。

⑤ <<:按位左移运算,双目运算符。将数据的二进制按位依次向左移动指定的位数,左端数据的高位溢出舍弃,低位由 0 填充。

运算特点:左移溢出后高位数值不变(即左移后符号不变),则每左移一位,相当于该数乘以 2。例如:

$-20 << 2$ 等于 -80(相当于乘以 2 的平方)

$15 << 1$ 等于 30

注意:正整数左移后有可能会变为负数,负整数左移后有可能会变为正数,最终都会变为零(数据全部溢出)。

对于 2 字节整数变量 a:

a = -32768,则 a << 1 后等于 0

a = 32767, 则 a << 1 后等于 -2

a = -32767,则 a << 1 后等于 2

⑥ >>:按位右移运算,双目运算符。将数据的二进制按位依次向右移动指定的位数,右端数据的低位舍弃,高位由符号位填充。

运算特点:右移一位相当于整除 2。结果是小于或等于实际除以 2 的值。例如:

$-20 >> 2$ 等于 -5(相当于除以 2 的平方)

$15 >> 1$ 等于 7

$-15 >> 1$ 等于 -8(想一想,算一算,为什么不是 -7)

注意:计算整数除以 2^n(n>=1)时,位右移运算要比/运算快。

$1 >> 1$ 等于 0, $-1 >> 1$ 等于 -1 。

二、与赋值相关的运算

赋值运算就是将数据存入变量,可以改变变量的值。与赋值相关的运算都可以改变变量的值。

1. 赋值运算

C 语言中的"="是赋值的意思,该符号是赋值运算符,它是一个双目运算符,作用是将右侧的值赋值给左侧的变量。例如,将 2023 赋值给变量 year,就可以写成"year = 2023",注意不能读成"year 等于 2023",应读"将值 2023 赋值给 year"。

赋值运算符是右结合运算符,左端只能是变量,右端可以是任意表达式。赋值运算符优先级是 14,几乎是 C 语言运算符中最低的运算符,要先计算右端表达式,然后将结果转换为左端变量的类型再赋值给变量,赋值表达式的结果是左端变量赋值后的值。

现在 year = 2023,如果想增加 1 应该怎么办呢? 可以写成"year = year + 1"。在数学上,该写法是错误的,在程序设计中该语句就是"取出名字为 year 的变量的值,然后加 1,再将这个新值赋给名字为 year 的变量"。

2. 复合运算

在 C 程序设计中经常会使用一个变量进行一定运算后再将结果存入此变量,为了简单明了地表达,C 语言使用复合运算符来简化这些运算的书写。

复合运算符主要是算术运算、位运算和赋值运算组合在一起的运算符。

表 3-3-2 复合运算符

运算符	含义	范例	结果	操作个数	优先级	结合性
+=	加赋值	a+=b	a=a+b	双目	14	右结合
-=	减赋值	a-=b	a=a-b			
*=	乘赋值	a*=b	a=a*b			
/=	除赋值	a/=b	a=a/b			
%=	模赋值	a%=b	a=a%b			
<<=	左移赋值	a<<=b	a=a<<b			
>>=	右移赋值	a>>=b	a=a>>b			
&=	位与赋值	a&=b	a=a&b			
^=	位异或赋值	a^=b	a=a^b			
|=	位或赋值	a|=b	a=a|b			

复合运算虽然是两种运算的复合,但运算优先级与赋值运算符相同,即先计算右边的表达式的值,再与变量值进行相应运算,最后将结果赋值给变量。可以看出赋值运算是最后的运算,所以复合运算符的左端一定是变量。

例如,执行下面程序后,a 的值是多少?

```
int a = 10;
int b = 20;
a * = a + b;
```

分析:a *= a + b 相当于 a = a * (a + b),先计算 a + b,结果是 30,再计算 a * 30,结果是 300,最后将 300 赋值给 a,即 a 的值是 300。

3. 自增自减运算

通过前面的学习我们知道 a = a + 1 可以写成 a+=1,a = a - 1 也可以写成 a-=1。在编写程序时我们会经常遇到变量自增1或自减1的情况,那么有没有更简便的写法呢? 答案是肯定的,C语言用"++"和"--"这两个运算符进行自增1和自减1运算,a+=1 就可以写成 a++ 或 ++a,a-=1 可以写成 a-- 或 --a。

表 3-7 自增自减运算符

运算符	含义	范例	结果	操作数个数	优先级	结合性
++	自增1 (i=i+1)	a=2;b=++a;	a=3,b=3	单目	2	右结合
		a=2;b=a++;	a=3,b=2			
--	自减1 (i=i-1)	a=2;b=--a;	a=1,b=1			
		a=2;b=a--;	a=1,b=2			

运算规则如下:

运算符在前,操作数在后,称为前置,如 ++i、--i。

操作数在前,运算符在后,称为后置,如 i++、i--。

如果是语句,前置、后置效果相同,如"i++;""++i;"都是使变量 i 自增1。

如果在表达式中,则情况有所不同。

前置:先自增(减),再使用变量值。[使用变量自增(减)后的值]

后置:先使用变量值,再自增(减)。[使用变量自增(减)前的值]

例如,设 a=10,表达式 5+a++ 的结果是 15。后置运算,相当于"5+a;a++;",先用 a 的值(10)运算,然后 a 再自增1(11)。

表达式 ++a+5 的结果是 16。前置运算,相当于"a++;a+5;",a 先自增1(11),然后用 a 的值(11)计算。

因为自增自减运算都会改变变量的值,所以自增自减运算符的操作数只能是变量。 5++ 这种写法是错误的。

【任务实现】

分析:加密数据就是数据(data)和密钥(key)通过运算得到另外一个数据,并且不容易根据加密后的数据推算出原数据和密钥。解密数据就是通过加密数据与密钥经过运算得到原来的数据。根据前面所学的各种运算,使用位异或运算可以简单地加密与解密数据。

加密数据:data^=key;

解密数据:data^=key;

例如:

```
int data = 347;
int key = 111;
data^ = key;    // 加密数据,加密后的数据为 308
data^ = key;    // 解密数据,解密后的数据为 347
```

任务4 判断并计算一元二次方程的实根

【任务目标】

知识目标:掌握 C 语言的条件运算符、长度运算符、语言逗号运算符及类型转换的方法。

技能目标:能够根据要求进行条件运算、顺序运算并转换数据类型。

品德品格:培养学生多方面思考的习惯,以及顺势而为、克服困难的能力。

【任务描述】

小明要判断一元二次方程有无实根、实根的个数并计算实根的值,他想知道有没有办法用一个表达式判断并计算出来。

任务:判断并计算一元二次方程($ax^2+bx+c=0$)的实根。若无实根,变量 isGen = 0;若有一个实根,isGen = 1;若有两个实根,isGen = 2。将实根的值存入 Gen1 和 Gen2 中,若只有一个根,则 Gen1 与 Gen2 相同。

【预备知识】

一、长度运算符

C 语言中不同数据类型占用内存的长度不同,而且不同的操作系统,基本数据类型也不完全一致,尤其是构造数据类型,更加复杂,难以计算内存长度。但有时我们需要知道数据占用内存的长度。

C 语言提供了一个计算数据和类型占用内存长度的运算符:sizeof。

优先级:2。

格式:sizeof 表达式 或 sizeof(类型名)

作用:求表达式结果或某一类型所需存储空间的大小,单位是字节。

例如:

```
sizeof 'a'          // 结果为 1
sizeof( double)     // 结果为 8
```

注意:计算数据类型长度时必须用 sizeof( ) 的方式,表达式则两种方式均可。

二、条件运算符

条件运算符是 C 语言中的唯一一个三目运算符,运算优先级为 13,仅高于赋值运算符和逗号运算符,右结合运算。

格式：条件表达式？真值表达式:假值表达式。

作用：根据条件表达式的真假,决定表达式的结果是真值表达式(条件为真)还是假值表达式(条件为假)的结果。

例如：

```
a>=0? a: -a
```

上述表达式的结果：当 a>=0 时,表达式的结果是 a；当 a<0 时,表达式的结果是 -a。

三、逗号运算符

逗号运算符是 C 语言中运算优先级最低的一个运算符,优先级为 15,操作数最少两个,左结合运算。

格式：表达式1,表达式2,表达式3……

作用：由左向右依次计算各表达式的值,整个表达式的结果是最后一个表达式的结果。

例如：

```
a=10, b=20, c=a+b        // 表达式的结果30
```

四、数据类型转换

数据类型转换就是将数据(变量、数值、表达式的结果等)从一种类型转换为另一种类型。例如,将小数转换成整数、字符转换为整数、整数转换为字符等。

C 语言数据类型有两种转换方式：自动转换和强制转换。

1. 自动转换

自动转换也叫隐式转换,是编译器隐式地进行的数据类型转换,这种转换不需要程序员干预,会自动发生。

C 语言会在以下几种情况中进行数据类型的自动转换：

① 赋值号两边的数据类型不同时,会自动地将右表达式的结果转换为变量的数据类型,然后再赋值。

例如：

```
int i;
i=5.2;      // 此时会将5.2转换成整数(舍去小数部分)5,然后赋值给变量i
```

注意：这种转换会导致数据失真或者精度降低,是一种不安全的转换。

② 不同类型的混合运算,编译器会自动地将参与运算的所有数据先转换为同一种类型,然后进行计算。转换的规则如下：转换按数据长度增加的方向进行,以保证数值不失真,或者精度不降低。例如,int 和 long 参与运算时,先把 int 类型的数据转成 long 类型后再进行运算。

所有的浮点运算都是以双精度型进行的,即使运算中只有 float 类型,也会先转换为 double 类型再进行运算。

C 语言自动转换类型规则如图 3-4-1 所示。char 和 short 参与运算时,必须先转换成 int 类型。

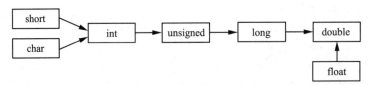

图 3-4-1 C 语言自动转换类型规则

2. 强制转换

强制转换又叫显示转换,将一个类型的变量强制转换为另一种类型。

C 语言中使用"(type)"强制类型转换运算符进行表达式结果的类型转换,运算优先级为 2,右结合运算。

转换格式:(type)表达式。

作用:将表达式的结果转换为指定的数据类型,"(type)"为要转换的数据类型名,可以是任何 C 语言的类型。例如:

```
(int)5.2      // 结果为 5
```

注意:类型转换只是临时性的,无论是自动类型转换还是强制类型转换,都只是为了本次运算而进行的临时性转换,转换的结果也只会保存到临时的内存空间,而不会改变数据本来的类型或者值。例如:

```
double a = 2.56;
int b = a;          // 将 a 的值 2.56 自动转换为整数 2,赋值给 b,所以 b 的值为 2
int c = 7%(int)a;   // 强制类型转换运算符优先级高,所以先将 a 的值 2.56 转换为 2,
                    // 再计算 7%2 求余运算,结果为 1,赋值给 c,所以 c 的值为 1
```

在上述程序片段中,始终没有改变 a 的值,所以 a 的值依然是 2.56。

【任务实现】

分析:一元二次方程判断实根的方法是根据表达式 b*b-4*a*c 的结果来判断是否有实根、有一个实根还是有两个实根。设有变量 dt = b*b-4*a*c,若 dt<0,则没有实根,变量 isGen=0;若 dt=0,有一个实根,变量 isGen=1;若 dt>0,有两个实根,变量 isGen=2。一个条件运算符只能计算两种情况,所以可以用两个条件运算嵌套来实现为 isGen 赋值:先用条件运算判断有无实根,再用条件运算判断有几个实根。即可以写成:

```
isGen = dt<0? 0:( dt==0?1:2);    // dt<0,则将 0 赋值给 isGen;
                                  // 否则 dt==0 则将 1 赋值给 isGen
                                  // 否则将 2 赋值给 isGen
```

若有根,可以在第二个条件运算表达式中用逗号表达式分别计算出 Gen1 和 Gen2。

程序片段如下:

项目三　计算数据

```
int a = 1, b = -3, c = 2;                          // 方程 ax² + bx + c = 0 的系数
int isGen;
double Gen1, Gen2;
double dt;                                          // 想一想,为什么用 double 类型
dt = b * b - 4 * a * c;
isGen = dt < 0 ? 0                                  // 无实根
    : ( dt == 0 ? ( Gen1 = Gen2 = -b/(2 * a) , 1)   // 有一个实根
    : ( Gen1 = (-b + sqrt(dt)/(2 * a)) , Gen2 = (-b - sqrt(dt)/(2 * a)) , 2));  // 有两个实根
```

项目小结

本项目任务1介绍了C语言算术运算符和数学函数的使用方法,以及相关表达式的编写和计算,要注意整型数据的"/"和"%"运算;任务2介绍了关系和逻辑运算符的用法及运算规则,要注意关系和逻辑表达式运算的结果及"&&"和"||"的短路运算;任务3介绍了位运算符和与赋值相关的运算符的用法和计算规则,要注意位运算的特殊用法、"++"和"--"在表达式中前置和后置运算的规则;任务4介绍了其他常用的C语言运算符的用法、计算规则、类型转换规则,要注意选择运算符的嵌套使用和类型转换。通过4个任务的学习实践,读者掌握大部分C语言的运算符和数据类型转换规则,为后续的学习打好基础。

拓展阅读

夏培肃(1923—2014),电子计算机专家,中国计算机事业的奠基人之一,被誉为"中国计算机之母"。在男性研究者居多的计算机领域,夏培肃女士绝对称得上是个传奇人物,很多行业大咖尊称她为"夏先生"。

她曾有机会和冯·诺依曼在同一所学校深造,却坚持回国,走上了开拓中国计算机技术之路,并成功研制我国第一台自行设计的通用电子数字计算机——107机。

30多岁时,她协助制定我国科学史上十分重要的《1956—1967年全国科学技术发展远景规划》,计算技术被列为"四项紧急措施"之首。之后,还参加了中国科学院计算技术研究所的筹备和建立。

当年国内没有计算机原理方面的教材,她就自己编写,翻译相关术语时,反复推敲,如英文bit和memory,被她译为"位"和"存储器",这些经典意译沿用至今。

课后习题

一、单选题

1. C语言的运算对象必须是整型数的运算符是(　　)。

    A. %　　　　　B. /　　　　　C. %和/　　　　　D. *

2. 下列将数学公式 $\dfrac{-b+\sqrt{b^2-4ac}}{2a}$ 写成C语言表达式正确的是(　　)。

    A. -b+sqrt(b*b-4ac)/2a

    B. -b+sqrt(b*b-4*a*c)/(2*a)

    C. (-b+sqrt(b*b-4*a*c))/(2*a)

    D. 以上都不对

3. 表达式floor(3.9)和floor(-3.9)的值分别是(　　)。

    A. 4,-3　　　　B. 3,-3　　　　C. 4,-4　　　　D. 3,-4

4. 表达式abs(16%5-27/(10-3))+6的值是(　　)。

    A. 8　　　　　B. 7　　　　　C. 6　　　　　D. 9

5. 若整数a=10,则a-5>6的结果是(　　)。

    A. 9　　　　　B. 1　　　　　C. 0　　　　　D. 以上都不对

6. 对于闰年的判断:能被4整除但不能被100整除,或能被400整除的年份为闰年。那么对于年份变量y,下面(　　)表达式结果为1时可以判定y是闰年。

    A. y/4 && y/100 || y/400

    B. y%4 && y%100 || y%400

    C. y%4==0 && y%100!=0 || y%400==0

    D. y%4=0 && y%100!=0 || y%400=0

7. 设有整型变量a=10,b=0,c=5,则执行语句"b=(a%c-1||(c=0));"后,变量b和c的值分别是(　　)。

    (注:表达式c=0的结果为c赋值后的值。)

    A. 0,0　　　　B. 1,5　　　　C. 0,5　　　　D. 1,0

8. 设有整数a∈(0,10],则能正确判断a范围的表达式是(　　)。

    A. a>0 && a<10　　　　　　　B. a>0 && a<=10

    C. a>=0 && a<10　　　　　　　D. a>0 || a<=10

9. 下列表达式能正确判断整数a能被2或3或5整除的是(　　)。

    A. a%2==0 || a%3==0 || a%5==0

    B. a%2 || a%3 || a%5

    C. a%2 && a%3 && a%5

    D. a%2==0 && a%3==0 && a%5==0

10. 有变量g存储身高,则下列表达式不能正确判断身高不在1.7 m(含)到1.8 m

(含)之间的是( )。
A. g<1.7 || g>1.8   B. !(g>=1.7 && g<=1.8)
C. g<1.7 && g>1.8

11. 若整型变量 a = -10,则表达式 ~a 的结果是( )。
A. 9   B. 10   C. 11   D. 以上都不对

12. 若有整型变量 a = 23,b = -23,则表达式 a>>2 和 b>>2 的结果分别是( )。
A. 5,-5   B. 6,-5   C. 6,-6   D. 5,-6

13. 设有变量 a,若将 a 的二进制右数第 3 位设置为 1,则下列表达式可以实现的是( )。
A. a&4   B. a|4   C. a&1   D. a|1

14. 设有变量 a,若表达式 a & 16 的结果为 16,则下列说法错误的是( )。
A. a 小于 16   B. a 的二进制右数第 5 位为 1
C. a 大于或等于 16   D. a 一定不小于 16

15. 设有变量 a = 20,b = 0,则执行"b + = a ++;"语句后,a 和 b 的值分别是( )。
A. 20,20   B. 21,20   C. 20,0   D. 21,21

16. 设变量 a = 1,b = 0,c = 0,则执行语句"c = a + b || b ++;"后,a、b、c 的值分别是( )。
A. 1、0、1   B. 1、1、1   C. 1、0、0   D. 以上都不对

17. 设变量 a = 1,b = 0,c = 0,则执行语句"c = a -- && b ++;"后,a、b、c 的值分别是( )。
A. 1、0、1   B. 0、1、0   C. 0、0、1   D. 1、1、1

18. 若 x = 2,y = 3,则 x||y 的结果是( )。
A. 0   B. 1   C. 2   D. 3

19. 为表示关系 x≥y≥z,应使用 C 语言表达式( )。
A. (x>=y)&&(y>=z)   B. (x>=y) AND (y>=z)
C. (x>=y>=z)   D. (x>=z)&(y>=z)

二、判断题

1. C 语言中运算符的优先级数字越小,优先级越高。 ( )
2. 双目运算符的操作数必须有两个。 ( )
3. 表达式 ceil(-3.2)的值是 -3。 ( )
4. 对于任意非零整数 a、b,表达式 a%b<b 的结果都是 1。 ( )
5. 对于任意整数 a,表达式 a>10 && a<0 的结果永远是 0。 ( )
6. 对于任意整数 a,表达式 a>0 || a<2 的结果永远是 1。 ( )
7. 负数进行位右移运算,结果一定小于 0。 ( )
8. 对于 ++、-- 运算,无论是前置还是后置,变量值一定会变化。 ( )
9. 逻辑表达式 -5&&!8 的值为 1。 ( )
10. 若 i = 3,则执行语句"printf("% d", - i ++);"输出的值为 -4。 ( )

11. a=(b=4)+(c=6) 是一个合法的赋值表达式。　　　　　　　　　　(　　)
12. 执行语句"++i;i=3;"后变量 i 的值为 4。　　　　　　　　　　(　　)
13. C 语言中的逻辑值"真"是用 1 表示的,逻辑值"假"是用 0 表示的。　　(　　)

三、填空题

1. 根据操作数的数量,可以分为单目运算符、_____和三目运算符。
2. 假设 int a=9,则表达式 a/2 的值是_____。
3. 表达式 -11%9 的值是_____。
4. 对于整数 a=1,表达式 a<2 的结果是_____。
5. 对于变量 f 和 d,有定义"float f=1.1,double d=1.1;",那么表达式 f==d 的结果是_____。
6. 若整数 a=8,b=20,则表达式 b/a-b/8.0==0 的结果是_____。
7. 请写出判断整数 a 是否是偶数的表达式:_____。
8. 对于整数 a=1,表达式 a-1 && (200+(50%10)/2)-202 的结果是_____。
9. 有变量 a=30,则表达式 a<<3 的结果是_____。
10. 表达式(1378^5)^5 的结果是_____。
11. 执行语句"int x; x=-3+4%5-6;",则 x 的值是_____。
12. 执行语句"int x=2,y=3,z=4;",则表达式 !(x+y)>z 的值为_____。
13. 表达式 !10 的值是_____(填数字)。
14. 执行语句"int x=4,y=25,z=5; z=y/x*z;"后,z 的值是_____。
15. 已知 i=5,写出执行语句"a=i++;"后整型变量 a 的值是_____。
16. 设 x 的值为 15,n 的值为 2,则表达式 x%=(n+3)运算后 x 的值是_____。
17. 已知 i=5,则执行语句"a=--i;"后整型变量 a 的值是_____。
18. 已知 i=5.6,则执行语句"a=(int)i;"后变量 i 的值是_____。
19. 已知 i=5,则执行语句"i*=i+1;"后整型变量 i 的值是_____。
20. 假设 int x=2,三元表达式 x>0?x+1:5 的运算结果是_____。

项目四 设计结构化程序

知识概述

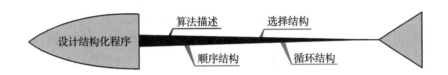

任务1 描述算法

【任务目标】

知识目标:掌握算法与算法的描述方法。
技能目标:设计一般问题的算法并用流程图来描述算法。
品德品格:做任何事情均要打下良好的基础,因其是做好事情的根本。

【任务描述】

使用不同流程图实现以下算法:
① 计算某班某同学数学(sx)、英语(yy)、计算机(jsj)三门课程的总分(zf),使用流程图描述。
② 输入50个学生的成绩,统计出不及格人数,使用N-S图表示。
③ 输入50个学生的成绩,统计出不及格人数,用伪代码表示。

【预备知识】

通常一个程序应包括对数据的描述和对操作的描述。

① 对数据的描述:在程序中要指定数据的类型和数据的组织形式,即数据结构(data structure)。

② 对操作的描述:即操作步骤,也就是算法(algorithm)。

尼·沃思(Nikiklaus Wirth)提出的公式:数据结构 + 算法 = 程序。

完整地说,程序 = 算法 + 数据结构 + 程序设计方法 + 语言工具和环境。这四个方面是一个程序设计人员所应具备的知识。

一、算法

1. 算法的概念

做任何事情都有一定的步骤。为解决某一个问题而采取的某种方法和步骤,称为算法。

2. 算法的特性

算法是对特定问题求解步骤的一种描述,是指令的有限序列,其中每一条指令表示一个或多个操作。算法具有如下特点:

① 有穷性:一个算法应包含有限的操作步骤,而不能是无限的。

② 确定性:算法中每一个步骤应当是确定的,而不能是含糊的、模棱两可的。

③ 有效性:算法中每一个步骤应当能有效地执行,并得到确定的结果。

④ 输入:有零个或多个输入。

⑤ 输出:有一个或多个输出。

二、算法描述

算法有五种表示法。

1. 自然语言描述法

顾名思义,自然语言描述法即用自然语言来描述算法。自然语言描述法通俗易懂,但文字冗长,且易出现歧义。

2. 流程图表示法

流程图由一些特定意义的图形、流程线及简要的文字说明构成(表4-1-1),它能清晰明确地表示程序的运行过程,流程图又称 ANSI 图。

表4-1-1 流程图符号说明

符号	符号名称	含义
	起止框	表示程序流程的开始或结束
	输入/输出框	表示输入或者输出数据,框内可注明数据名、来源、用途或其他文字说明

续表

符号	符号名称	含义
□	处理框	表示计算或处理功能,用来执行一个或一组特定的操作,框内可注明处理名或其简化功能
◇	判断框	表示判断或开关,框内可注明判断的条件。它只有一个入口,但可以有若干可供选择的出口,在对条件求值后,有一个且仅有一个出口被激活。求值结果可在表示出口路径的流线附近写出
↓→	流向线	表示控制流的流向线,流向线的标准流向是从左到右和从上到下。一般情况下,流向线应从符号的左边或顶端进入,并从右边或底端离开,其进出点均应对准符号的中心
○	连接点	用于将画在不同位置的流向线连接起来,用圆圈表示,圆圈中标注连接点的序号。用连接点,可以避免流向线的交叉或过长,使流程图清晰

流程图的特点:直观形象,易于理解。

3. N-S 结构图表示法

N-S 图是无线的流程图,它把整个程序写在一个大框图内,这个大框图由若干个小的基本框图构成,N-S 图又称盒图。

N-S 图的特点:取消了流向线,即不允许流程任意转移,只能从上到下顺序进行。

N-S 图分为三种基本结构:顺序结构、选择结构和循环结构(当型循环结构与直到型循环结构),如图 4-1-1 所示。

a. 顺序结构
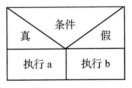
b. 选择结构

c. 当型循环结构　　d. 直到型循环结构

图 4-1-1　N-S 图的三种基本结构

以上三种基本结构具有如下共同特点:

① 只有一个入口。

② 只有一个出口。

③ 结构内的每一部分都有机会被执行到。

④ 结构内不存在"死循环"。

对于一般简单的问题用顺序结构或选择结构就能完成,但对复杂问题往往需要用这三种基本结构的相互组合来完成。

4. 伪代码表示法

伪代码表示法是用一种介于自然语言和计算机语言之间的文字和符号来描述算法。

伪代码没有统一的语法,形式比较灵活,只要能看懂就可以,甚至也可以用文字描述。伪代码与计算机语言比较接近,因此可以很容易地转换成计算机程序。

5. 计算机语言表示法

用某种计算机语言表示算法,即计算机能够执行的算法。我们让计算机完成某项任务,也就是用计算机实现算法。计算机无法识别流程图和伪代码。只有用计算机语言编写的程序经过编译系统转换成目标代码(机器语言程序),才能被计算机执行。因此,在用流程图或伪代码描述出一个算法后,还要将它转换成计算机语言程序。用计算机语言表示算法必须遵循所用语言的语法规则。

编写出了 C 语言程序,只是描述了算法,并不是实现了算法,只有运行程序,才能实现算法。

设计算法时必须注意以下几点:

① 正确性:当输入合法的数据时,能在有限的运行时间内得出正确的结果。

② 可读性:方便阅读和交流。

③ 健壮性:当有非法的数据时,能正确地作出反应和处理,不会出现莫名其妙的结果。

④ 高效和低存储性:执行时间短,存储需求低。对于一个程序设计人员,必须熟悉设计算法,并能根据算法写出程序。

【任务实现】

(1) 任务 1 的流程图如图 4-1-2 所示。

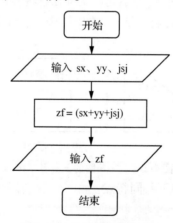

图 4-1-2　任务 1 的流程图

(2) 任务 1 的 N-S 图如图 4-1-3 所示。

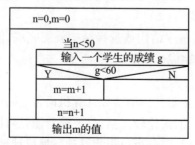

图 4-1-3　任务 1 的 N-S 图

（3）伪代码如下：

```
n = 0
m = 0
while n less than 50
    input g
    if g less than 60 then m = m + 1
    n = n + 1
while end
output m
```

试一试：请分别使用传统流程图和 N-S 图描述交换两个变量的值。

任务2　设计顺序结构程序

子任务2-1　字符数据的输入/输出

【任务目标】

知识目标：能正确理解函数 getchar( ) 和 putchar( ) 的使用规则。
技能目标：运用函数 getchar( ) 和 putchar( ) 对大小写字母进行转化。
品德品格：培养认真细致的能力，以及发现规律并运用规律解决问题的能力。

【任务描述】

从键盘输入一个小写字母，将其转化为大写字母并输出。

【预备知识】

字符数据是人们经常使用的数据之一，对单个字符的输入/输出可以使用函数 getchar( ) 和函数 putchar( ) 来完成，这两个函数为非格式化函数。本任务就可以通过这两个函数来完成。

一、字符输出函数 putchar( )

1．一般格式

putchar(字符常量或字符变量) ;

2．功能

向标准输出设备输出一个字符。函数 putchar( ) 的作用等同于"printf("%c", ch);"。

注意:函数 putchar( )必须带输出项,输出项可以是字符型常量(包括转义字符)、变量、表达式。

例 4-2-1 输出单个字符。

程序如下:

```
#include "stdio.h"
void main( )
{
    char c;              // 定义字符变量
    c = 'B';             // 给字符变量赋值
    putchar(c);          // 输出字符变量 c 的值'B'
    putchar('A');        // 输出字母'A'
    putchar('\n');       // 输出换行
}
```

运行结果如下:

BA

二、字符输入函数 getchar()

1. 一般格式

变量 = getchar( );或 getchar( );

2. 功能

从键盘上读入一个字符。

3. 说明

非格式化输入/输出函数都包含在头文件 stdio.h 中。函数 getchar( )将读入的字符显示在屏幕上,但需以回车作为结束输入。回车前的所有输入字符都会逐个显示在屏幕上。但只有第一个字符作为函数的返回值。

例 4-2-2 将例 4-2-1 使用函数 getchar( )和 putchar( )来实现。

程序如下:

```
#include "stdio.h"
void main( )
{
    char c1, c2;
    c1 = getchar( );
    c2 = getchar( );
    putchar(c1);
    putchar(c2);
}
```

运行结果如下：

BA↙
BA

【任务实现】

分析：

（1）定义字符变量 ch，用来存放从键盘上输入的数据。
（2）输出提示信息。
（3）从键盘上接收一个小写字母并存入 ch。
（4）将 ch 中字符转换为大写字母，即将 ch－32 存入 ch。
（5）输出字符变量 ch 表示的字符。

程序如下：

```
#include "stdio.h"
void main()
{
    char ch;
    printf("请输入一个小写字母:");      // 输出提示信息
    ch = getchar();                    // 从键盘接收一个小写字母
    ch = ch - 32;                      // 将小写字母转化为大写字母
    putchar(ch);                       // 输出大写字母
}
```

运行结果：

请输入一个小写字母:q↙
Q

注意：ch = ch － 32 表示将 ch 中的字符的 ASCII 值取出减去 32 后再存放回到 ch 中。大写字母和其相应的小写字母的 ASCII 值相差 32。比如，大写字母 A 的 ASCII 值是 65，小写字母 a 的 ASCII 值是 97。

试一试：请完成以下功能，输入一个 A～Z 之间的字母，输出与之左右相邻的两个字母，请根据注释信息将程序补充完整。

```
#include <stdio.h>
void main()
{
    char ch;
```

_____;// 调用函数 getchar( )输入一个字母,并赋值给 ch
_____;// 调用函数 putchar( )输出与 ch 左相邻的字母
_____;// 调用函数 getchar( )输出与 ch 右相邻的字母
}

子任务2-2　格式化输出数据

【任务目标】

知识目标:能正确理解函数 printf( )格式控制的使用规则。
技能目标:会使用函数 printf( )编程、查看结果,并处理程序错误。
品德品格:通过处理函数引发的错误,树立严谨的工作作风。

【任务描述】

给圆的半径赋值,求圆的面积(如半径 $r=3$,面积 $s=28.26$)。

【预备知识】

C 语言没有提供输入和输出语句,数据的输入与输出是通过函数来实现的。在 C 语言标准函数库中,提供了一些用于输出和输入的函数,其中格式输出函数为 printf( )。

1. 一般格式

printf("格式控制串",输出列表);

2. 功能

函数 printf( )一般用于向标准输出设备按规定格式输出信息。

3. 说明

① 格式控制串由两部分组成:一部分是非格式控制的普通字符,这些字符将按原样输出;另一部分是格式说明符,以%开始,后跟一个或几个规定字符,用于指定输出数据的格式,如数据的类型、形式、长度、小数位数、进制等。函数 printf( )的格式说明符及功能如表 4-2-1 所示。

② 输出表列:需要输出的一系列数据项,各数据项之间用逗号(,)隔开,其个数和类型必须与格式控制串所说明的输出项参数一样多,且顺序一一对应,否则将会出现意想不到的错误。

③ 函数 printf( )的格式控制串中还可插入数值来控制输出数据在屏幕上的输出宽度和对齐方式。例如:

%md:表示输出整数占 m 位宽度,右对齐。若数据实际宽度超过规定宽度,则按数据实际宽度输出。

%-md:表示输出整数占 m 位宽度,左对齐;

%m.nf:表示输出浮点数据占 m 位宽度(小数点算一位),其中 n 位小数,右对齐;

%-m.nf:表示输出浮点数据占 m 位宽度(小数点算一位),其中 n 位小数,左对齐。

格式控制串中还可以包含转义字符,参看表 4-2-1。

④ printf( )函数是标准库函数,使用时应包含其所在的头文件"#include < stdio.h >"。

C 语言对每个库函数使用的变量及函数类型都已作了定义与说明,放在相应头文件"*.h"中,用户用到这些函数时必须要用#include < *.h > 或#include "*.h"语句调用相应的头文件,以供连接。若没有用此语句说明,则连接时将会出现错误。

表 4-2-1 函数 printf( )的格式说明符及功能

说明符	功能
%d	十进制有符号整数
%o	八进制无符号整数(不输出前导符 0)
%x 或%X	十六进制无符号整数(不输出前导符 0x)
%ld	十进制有符号长整型数
%u	十进制无符号整数
%f	浮点数
%lf	双精度数
%s	字符串
%c	单个字符
%p	指针的值
%e	指数形式的浮点数
%g	选%f 或%e 格式中宽度较短的一种格式,不输出无意义 0

例 4-2-3 标准输出函数举例。

程序如下:

```
#include < stdio.h >
void main( )
{
    int a = 1234, i;
    float f = 3.141592653589;
    double x = 0.12345678987654321;
    char c;
    i = 12;
    c = 'x';
```

```
        printf("a = %d\n", a);          // 结果输出十进制整数 a = 1234
        printf("a = %6d\n", a);         // 结果输出 6 位十进制数 a = 1234
        printf("a = %2d\n", a);         // a 超过 2 位,按实际值输出 a = 1234
        printf("i = %4d\n", i);         // 输出 4 位十进制整数 i = 12
        printf("i = %-4d\n", i);        // 输出左对齐 4 位十进制整数 i = 12
        printf("f = %f\n", f);          // 输出浮点数 f = 3.141593
        printf("f = %6.4f\n", f);       // 输出 6 位其中小数点后 4 位的浮点数 f = 3.1416
        printf("x = %lf\n", x);         // 输出长浮点数 x = 0.123457
        printf("c = %c\n", c);          // 输出字符 c = x
        printf("c = %d\n", c);          // 输出字符的 ASCII 值 c = 120
        printf("hello!");               // 输出字符串 hello!
}
```

运行结果如下:□表示空格

```
a = 1234
a = □1234
a = 1234
i = □12
i = 12
f = 3.141593
f = 3.1416
x = 0.123457
c = x
c = 120
hello!
```

【任务实现】

分析:

(1) 定义单精度型变量 r 和 s,分别用来存放圆的半径和面积。

(2) 给半径 r 赋值。

(3) 求面积,即 3.14 * r * r 后仍存入 s。

(4) 输出半径 r 和面积 s 的值。

程序如下:

```
#include <stdio.h>
void main()
{
```

```
    float r, s;
    r = 3.0;
    s = 3.14 * r * r;
    printf("r = %f, s = %f", r, s);
}
```

试一试：以下程序的输出结果是_____。

```
main()
{
    int a = 2, b = 5;
    printf("a = %%d, b = %%d\n", a, b);
}
```

子任务2-3 格式化输入数据

【任务目标】

知识目标:能正确理解函数 scanf()格式控制的使用规则。

技能目标:会使用函数 scanf()输入数据并编程,能够处理简单的输入错误。

品德品格:通过输入函数格式的要求,引导学生理解"没有规矩不成方圆"的道理。

【任务描述】

输入长方形的两条边长,求其面积并输出。

【预备知识】

C语言没有提供输入和输出语句,数据的输入与输出是通过函数来实现的。C语言标准函数库提供了一些用于输出和输入的函数,其中格式化输入函数为 scanf()。

1. 一般格式

scanf("格式控制符",参数地址表);

2. 功能

函数 scanf()是从标准输入设备(键盘)读取输入的信息,即按指定的格式依次读取用户从键盘上输入的一系列数据,并按对应的格式赋值给一系列内存变量。

3. 说明

(1) 格式控制符:%[长度]类型。

类型表示输入数据的类型,其格式说明符和意义与 printf()函数的基本相同。长度格式符为 l 或 h。

(2) 参数地址表。

需要读入所有变量的地址,而不是变量本身。这与 printf()函数完全不同,要特别注意。各个变量的地址之间用逗号(,)分开。"&"是地址运算符,"&a"表示变量 a 的地址。

(3) 注意。

① 当输入多个数值数据时,若控制串中没有非格式符作为输入数据之间的间隔,则可用空格、TAB 或回车作间隔。例如:

scanf("%d%d%d", &a, &b, &c);

输入数据之间可用空格、TAB 或回车作分隔。例如,输入 3□4□5,则 a 取值为 3,b 取值为 4,c 取值为 5,其中□表示空格。

② 若控制串中有非格式符(逗号或空格),则输入数据间用指定的非格式符分隔。例如:

scanf("%d,%d,%d", &a, &b, &c);

输入数据间必须用逗号(,)分隔。例如,输入数据格式应为 3,4,5。

③ 当输入多个字符数据时,若控制串中没有非格式符,则认为所有输入的字符均为有效字符。例如:

scanf("%c%c%c", &a, &b, &c);

若输入为 x y z,则 a 的值为 x,b 的值为空格' ',c 的值为 y;若输入为 xyz,则 a 的值为 x,b 的值为 y,c 的值为 z。

④ 输入数据的类型应与格式控制串对应的类型相一致。

例 4-2-4 从标准键盘读入两个数,然后再将其输出。

程序如下:

```
#include "stdio.h"
void main()
{
    int i, j;
    printf("请输入两个整数,用空格分隔:i,j = ?\n"); // 运行时起到提示作用
    scanf("%d %d", &i, &j);
    printf("i = %d, j = %d", i, j);
}
```

运行结果如下:(□表示空格)

请输入两个整数,用空格分隔:i,j = ?
5□10↙
i = 5, j = 10

例4-2-4中的函数scanf()首先读一个整数,然后把接着输入的空格剔除掉,最后读入另一个整数。如果空格这一特定字符没有找到,那么函数scanf()终止。

例4-2-5 多个字符变量的输入。

程序如下:

```
#include "stdio.h"
main()
{   char c1, c2;
    printf("输入两个字符");
    scanf("%c", &c1);
    scanf("%c", &c2);
    printf("c1 is %c, c2 is %c", c1, c2);
}
```

运行结果如下:

输入:A↙
输出:c1 is A, c2 is

再运行,结果如下:

输入:AB↙
输出:c1 is A, c2 is B

注意:运行该程序,输入一个字符A后回车(要完成输入必须回车),在执行输入语句scanf("%c", &c1)时,给变量c1赋值"A",但回车符仍然留在缓冲区内,执行输入语句scanf("%c", &c2)时,变量c2输出的是一空行,如果输入AB后回车,那么输出结果为"c1 is A, c2 is B"。

【任务实现】

分析:

(1)定义单精度型变量a、b和s,分别用来存放长方形的两条边和面积。
(2)通过输入函数scanf()给a、b赋值。
(3)求面积,即a*b后仍存入s。
(4)输出两条边a、b和面积s的值。

程序如下:

```
#include <stdio.h>
void main()
{
    float a, b, s;
    printf("请输入长方形的两条边长");
```

```
        scanf("%f %f", &a, &b);
        s = a * b;
        printf("长方形的两边分别为%.2f,%.2f,面积为%.2f\n", a, b, s);
}
```

运行结果如下:(□表示空格)

请输入长方形的两条边长 3□5 ↙
长方形的两边分别为 3.00,5.00,面积为 15.00

试一试:程序填空。程序功能为求圆面积,圆半径由用户输入。

```
#include <stdio.h>
void main()
{
        _____ r, s;           // 定义两个变量:r为圆半径,s为圆面积
        printf("请输入圆半径:");
        _____                 // 输入圆半径r
        s = 3.14 * r * r;
        printf("r = %f, s = %f", r, s);
}
```

说明:C语言的输入格式的规定比较复杂,可以理解为原样输入。即函数 scanf( )中除了格式字符以外的内容应原样输入。例如,"scanf("a = %d",&a);",如果想给 a 赋值 3,在键盘上应输入 a = 3,即原样输入。

子任务2-4　交换两个变量的值

【任务目标】

知识目标:理解结构化程序设计思想,掌握顺序结构的执行过程、特点。
技能目标:能灵活运用赋值语句、输入/输出函数编写顺序结构程序。
品德品格:提高解决问题的能力,培养严谨的编程习惯。

【任务描述】

交换两个变量的值。

【预备知识】

C语言是结构化程序设计语言,结构化程序设计的基本思想是:用顺序结构、选择结构和循环结构三种基本结构来构造程序。由这三种基本结构组成的程序能处理任何复杂

的问题。

C语言提供了丰富的语句用来支持结构化的程序设计。C语句可以分为以下五大类：

① 函数调用语句。由函数调用加一个分号构成的语句。
② 表达式语句。表达式的后面加一个分号就构成了一个表达式语句。
③ 空语句。只用一个分号";"作为语句结束符,它表示什么也不做。
④ 复合语句。由"{"和"}"把一些变量说明和语句组合在一起,称之为复合语句块。
⑤ 控制语句,共九种,见表4-2-2。

表4-2-2 控制语句

序号	语句	功能
1	if 语句	条件语句
2	switch 语句	多分支选择语句
3	while 语句	循环语句
4	do-while 语句	循环语句
5	for 语句	循环语句
6	break 语句	终止执行循环语句或 switch 语句
7	continue 语句	结束本次循环语句
8	goto 语句	转向语句
9	return 语句	从函数返回语句

顺序结构是结构化程序设计中最简单、最常见的一种程序结构。顺序结构是由一组顺序执行的程序语句组成的,是按照语句的排列顺序依次执行的。

顺序结构执行过程:如图4-2-1所示,程序执行完语句组1后再接着按顺序执行语句组2。顺序结构可以独立使用,构成一个简单的完整程序,常见的输入、计算(赋值)、输出三步曲的程序就是顺序结构。

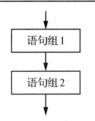

图 4-2-1 顺序结构执行过程

【任务实现】

分析:此问题相当于交换两个杯子里的液体。有两个杯子,分别装着水和牛奶,现在想交换这两个杯子中的液体,应该如何交换? 执行过程如图4-2-2所示。

首先定义三个变量,给两个变量赋值,借助第三个变量交换两个变量的值,最后输出两个变量。

程序如下：

```c
#include "stdio.h"
void main( )
{
    int a, b, c;           // a是装水的杯子,b是装牛奶
                           // 的杯子,c是空杯子
    a = 0;                 // 装入水
    b = 99;                // 装入牛奶
    c = a;                 // 将水倒入第3只空杯
    a = b;                 // 将牛奶倒入水杯
    b = c;                 // 将水倒入奶杯
    printf("a = %d, b = %d", a, b);   // 交换后结果显示
}
```

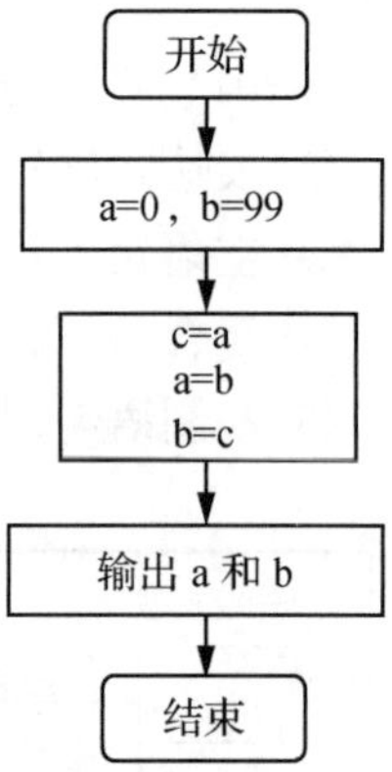

图 4-2-2　任务实现执行过程

运行结果如下：

A = 99, b = 0

若改变其顺序,写成：

```c
void main( )
{
    int a, b;
    int c;
    a = 0;
    b = 99;
    a = b;
    c = a;
    b = c;
    printf("a = %d, b = %d", a, b);
}
```

则执行结果如下：

a = 99, b = 99

因为语句顺序发生了改变,所以结果不同。

大多数情况下,顺序结构都是作为程序的一部分,与其他结构一起构成一个复杂的程序。

试一试：编一程序将华氏温度转换为摄氏温度。公式为

$$摄氏温度 = 5/9(华氏温度 - 32)$$

要求从键盘输入华氏温度的值。

【知识拓展】

从键盘输入圆的半径,计算并输出其周长和面积。

分析:执行过程如图 4-2-3 所示。

① 在程序的起始部分加入宏定义命令 # define PAI 3.1415926,定义符号常量 PAI。

② 定义实型变量 r 存放圆半径,s 存放圆面积,c 存放圆周长。

③ 输入圆半径并存入 r。

④ 计算圆周长并存入 c。

⑤ 计算圆面积并存入 s。

⑥ 输出 s 和 c。

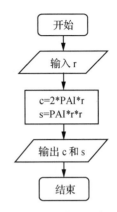

图 4-2-3 知识拓展执行过程

程序如下:

```c
#include "stdio.h"
/*宏定义命令,定义符号常量 PAI 代表圆周率 3.1415926*/
#define PAI 3.1415926
void main()
{
    float r, s, c;
    printf("请输入半径:");
    scanf("%f", &r);
    c = 2 * PAI * r;           // 求圆周长 c
    s = PAI * r * r;           // 求圆面积 s
    printf("半径为:%f,圆周长为:%f,圆面积为:%f", r, c, s);
}
```

运行结果如下:

请输入半径:3 ✓
半径为:3.000000,圆周长为:18.849556,圆面积为:28.274334

任务3　设计选择结构程序

子任务3-1　计算数的绝对值

【任务目标】

知识目标:掌握单分支 if 语句的执行过程、特点并能使用流程图描述出来。

技能目标:能灵活运用单分支 if 语句实现单分支选择结构程序设计。

品德品格:学会在人生中做出重要选择。

【任务描述】

从键盘上输入一个整数,输出它的绝对值。

【预备知识】

选择结构与顺序结构不同,其执行是依据一定的条件选择执行路径,而不是严格按照语句出现的物理顺序执行。

选择结构的程序设计方法的关键在于构造合适的选择条件和分析程序流程,根据不同的程序流程选择适当的选择语句。下面我们先来介绍单分支选择结构。

1. 格式

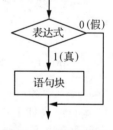

图 4-3-1　单分支 if 语句执行过程

2. 功能

若表达式的值为真,则执行语句块;否则跳过语句块,执行其后续语句,如图 4-3-1 所示。单分支选择语句的特点是:只指明条件为"真"时做什么,不用指明条件为"假"时做什么。

【任务实现】

分析:

(1) 定义一个整型变量 x。

(2) 输入 x 的值。

(3) 判断 x 的值,若 x>0,则绝对值就是 x 本身;若 x<0,则绝对值取 -x。

（4）还可以使用绝对值函数来处理，可通过后续课程学习。

任务执行过程如图 4-3-2 所示。

程序如下：

```
#include "stdio.h"
void main( )
{
    int x;
    printf("请输入数据:");
    scanf("%d", &x);
    if( x < 0 )
        x = -x;        // x < 0 即 x 是负数时，它的绝对值为-x
    printf("%d", x);
}
```

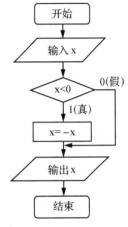

图 4-3-2　任务执行过程

运行结果如下：

```
请输入数据: -5 ↙
5
```

试一试：判断一个学生成绩是否合格。

【知识拓展】

（1）输入两个整数，输出其中的大者（用单分支选择结构）。

分析：因为使用单分支选择结构，所以我们定义一个 max 存放最大值并假设 x 是最大值。

程序如下：

```
#include < stdio. h >
void main( )
{
    int x, y, max;
    printf("请输入两个整数:");
    scanf("%d,%d", &x, &y);      // 从键盘上输入两个数，中间用逗号分隔
    max = x;                      // 假设 x 为最大值
    if( max < y )  max = y;       // 如果 y 比最大值大，y 就是最大值
    printf( "max = %d\n", max);
}
```

（2）输入三个整数，分别放在变量 a、b、c 中，程序把输入的数据重新按由小到大的顺序放在变量 a、b、c 中，最后输出 a、b、c 中的值。

分析:程序执行过程如图 4-3-3 所示。

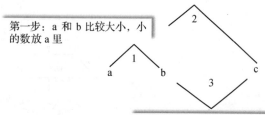

图 4-3-3　程序执行过程

程序如下:

```
#include <stdio.h>
void main()
{
    int a, b, c, t;
    printf("请输入三个整数:");
    scanf("%d,%d,%d", &a, &b, &c);
    printf("a = %d, b = %d, c = %d\n", a, b, c);
    if(a > b)          // 如果a比b大,则进行交换,把小的数放在a中
        {t = a; a = b; b = t;}
    if(a > c)          // 如果a比c大,则进行交换,把小的数放在a中
        {t = a; a = c; c = t;}
    if(b > c)          // 如果b比c大,则进行交换,把小的数放在b中
        {t = b; b = c; c = t;}  // 至此 a、b、c 中的数已按由小到大的顺序放好
    printf("%d,%d,%d\n", a, b, c);
}
```

运行结果如下:

请输入三个整数:1,9,0↙
a = 1, b = 9, c = 0
0, 1, 9

说明:当 if 子句中只有一个语句时,"{ }"可以省略,但是包含多个语句时,必须要用"{ }"括起来,组成复合语句。

子任务3-2 求两个数中的最大值

【任务目标】

知识目标:掌握双分支 if 语句的执行过程、特点,并能使用流程图描述出来。
技能目标:能灵活运用双分支 if 语句实现双分支选择结构程序设计。
品德品格:人生中会面对很多问题,做睿智的人,能正确做出判断。

【任务描述】

从键盘上输入两个整数,求两个数中的最大值并输出。

【预备知识】

双分支选择语句的特点是:既指明了条件为"真"时做什么,也指明了条件为"假"时做什么。下面我们具体学习双分支选择结构。

1. 格式

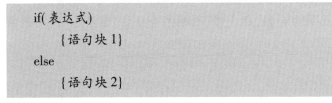

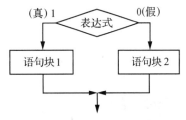

图 4-3-4 if-else 语句执行过程

2. 功能

如果表达式为真,执行语句块 1;否则执行语句块 2,如图 4-3-4 所示。其中:语句块 1 和语句块 2 都由 1 个或若干个语句构成。

【任务实现】

分析:首先定义三个整型变量 x、y、max,输入 x、y 的值,再判断大小,即若 x >= y,则 max 中存放 x,否则存放 y。最后输出最大值 max。

程序执行过程如图 4-3-5 所示。

程序如下：

```c
#include "stdio.h"
void main()
{
    int x, y, max;
    printf("请输入数据：");
    scanf("%d,%d", &x, &y);
    if( x >= y )           // 如果 x 大于等于 y
        max = x;           // 最大值为 x
    else                   // 否则，即 x 小于 y
        max = y;           // 最大值为 y
    printf("最大值是：%d", max);
}
```

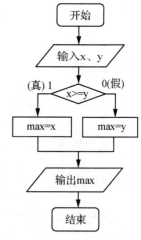

图 4-3-5 双分支求最大值的执行过程

运行结果：

请输入数据：10,25↙
最大值是：25

试一试：判断一个学生成绩是否为合格，若合格，则颁发合格证，若不合格，则提醒重修。

【任务拓展】

输入一个整数 x，判断 x 的奇偶性。若 x 为偶数，输出"偶数"；否则输出"奇数"。

分析：如果一个整数可以被 2 整除，这个数就是偶数，否则为奇数。可以使用求余（%）运算来实现，即若 x%2 的值为 0，则 x 为偶数，否则 x 为奇数。

程序如下：

```c
#include <stdio.h>
void main()
{
    int x;
    printf("请输入一个整数：");
    scanf("%d", &x);
    if( x%2 == 0 )
        printf("%d 是偶数\n", x);
    else
        printf("%d 是奇数\n", x);
}
```

运行结果如下:

请输入一个整数:25↙
25 是奇数

说明:

① if-else 语句中的 else 子句可以省略,省略之后即为单分支选择 if 语句。

② else 子句是 if 语句的一部分,它不是一条独立的语句,在程序中 else 必须与 if 配对,共同组成一条 if-else 语句。不允许有这样的语句"else printf("＊＊＊");"。

③ if 后面圆括号中的表达式可以是任意合法的 C 语言表达式(如逻辑表达式、关系表达式、算术表达式、赋值表达式等),也可以是任意类型的数据(如整型、实型、字符型等)。

子任务3-3　计算分段函数的值

【任务目标】

知识目标:掌握嵌套选择结构的执行过程、特点,并能使用流程图描述出来。

技能目标:能灵活运用嵌套的 if 语句实现多分支选择结构程序设计。

品德品格:学会处理学习及生活中的选择问题,培养良好的心态,只要选择正确,一定会拨云见日。

【任务描述】

计算分段函数 $y = \begin{cases} x+1, & x>0, \\ 0, & x=0, \\ x-1, & x<0 \end{cases}$ 的值

【预备知识】

当 if 语句的语句块 1 或语句块 2 中又包含一个或多个 if 语句时,就构成了 if 语句的嵌套。在 C 语言中,if 语句的嵌套形式有很多种,这里只讲解最常用的一种嵌套形式。

1. 格式

if(表达式1) {语句块1};
else if(表达式2) {语句块2};
else if(表达式3) {语句块3};
……
else if(表达式n) {语句块n};
else {语句块n+1};

2. 功能

先判断表达式1,若为真,则执行语句块1,跳过其他语句块,结束 if 语句;否则判断表

达式2,若表达式2为真,则执行语句块2,以此类推;若表达式n为真,则执行语句块n;否则执行语句块n+1,如图4-3-6所示。

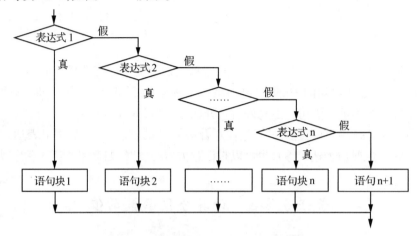

图 4-3-6　if-else if 语句的执行过程

3．说明

（1）if 后面的表达式,可以是任何类型的表达式,一般为逻辑表达式或关系表达式。例如：if（a==b&&x==y）、if（3）都是合法的。

（2）当语句块有多个操作语句时,要用"{ }"将几个语句括起来成为一个复合语句。

（3）当连续使用 if…else 格式时,else 总是与离它最近的尚未配对的 if 条件配对。

【任务实现】

首先,定义两个整型变量 x、y,输入 x 的值。其次,根据题中条件判断,如果 x>0,则 y=x+1;否则只存在 x=0 和 x<0 两种情况,再判断是否 x=0,如果 x=0,那么 y=0;再否则,即 x=0,x>0 都不成立,那就是 x<0,此时不用再判断就可以确定 y=x-1。最后输出 y。

程序如下：

```
#include "stdio.h"
void main( )
{
    int x, y;
    printf("请输入一个整数:");
    scanf("%d", &x);
    if(x>0)  y=x+1;         // 如果 x>0,则满足分段函数第一段条件,y=x+1
    else if(x==0)  y=0;     // 否则 x<=0,再判断 x 是否等于0,满足条件 y=0
        else y=x-1;         // 再否则,x 只有小于0,满足分段函数最后条件,则 y=x-1
    printf("y=%d", y);
}
```

运行第一次,结果如下:

请输入一个整数:8 ↙
9

运行第二次,结果如下:

请输入一个整数:-18 ↙
-19

运行第三次,结果如下:

请输入一个整数:0 ↙
0

试一试:编写程序,根据输入的学生成绩,给出相应的等级。90 分以上的等级为 A,60 分以下的等级为 E,其余每 10 分为一个等级。

【任务拓展】

求三个整数中最小值,并输出。

方法一:利用 if 嵌套找出最小值,程序执行过程如图 4-3-7 所示。

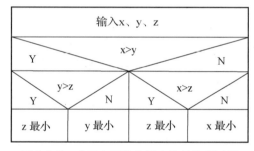

图 4-3-7　求三个整数中最小值的执行过程

程序如下:

```
void main( )
{
    int x, y, z;
    printf("请输入三个整数:");
    scanf("%d, %d, %d", &x, &y, &z);
    if( x > y )
    {
        if( y > z) printf("最小值是%d\n", z);
        else printf("最小值是%d\n", y);
    }
    else
```

```
        {
            if( x > z) printf("最小值是%d\ n", z);
            else printf("最小值是%d\ n", x);
        }
}
```

运行结果如下:

请输入三个整数:5,9, -8✓
最小值是 -8

方法二:使用并列的 if 语句找出最小值。
分析:通过两次比较大小并进行交换,将最小值放在 x 中并输出。
程序如下:

```
#include "stdio. h"
void main( )
{
    int x, y, z, t;              // t 是变量交换时使用的临时变量
    printf("请输入三个整数:");
    scanf("%d,%d,%d", &x, &y, &z);
    if( x > y) { t = x; x = y; y = t; }  // 当 x > y 时,交换 x, y 里的值,即让 x 里放小的数
    if( x > z) { t = x; x = z; z = t; }  // 当 x > z 时,交换 x, z 里的值,即让 x 里放小的数
    printf("最小值是%d", x);
}
```

子任务3-4 输出数字所对应的英文单词

【任务目标】

知识目标:掌握 switch 选择结构的执行过程、特点,并能使用流程图描述出来。
技能目标:能灵活运用 switch 实现多分支选择结构程序设计。
品德品格:学会抓住问题本质,不被表象迷惑,学会灵活处理问题的方法。

【任务描述】

由键盘输入 0～5 之间的任意一个数字,输出它所对应的英文单词。

【预备知识】

switch 条件语句是一种很常用的选择语句,它只能针对某个表达式的值做出判断,从

而决定程序执行哪一段代码。例如,我们经常用数字表示月份,数字1表示一月份,数字2表示二月份,以此类推。任务描述中的0对应Zero,1对应One,等等,这种情况适合使用switch语句来实现。

1. 格式

```
switch(表达式)
{
    case 常量表达式1: 语句块1; [break];
    case 常量表达式2: 语句块2; [break];
    …
    case 常量表达式n: 语句块n; [break];
    default: 语句块n+1;
}
```

2. 功能

计算表达式的值,并逐个与其后的常量表达式值相比较,当表达式的值与某个常量表达式的值相等时,即执行其后的语句;若遇到break,则退出switch语句;否则不再进行判断,继续执行后面所有switch后的语句。其执行过程如图4-3-8所示。

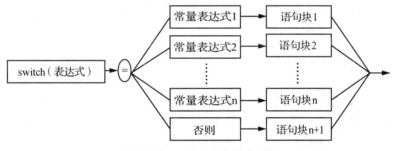

图 4-3-8 switch 语句执行过程

3. 说明

switch 语句也是多分支选择语句,又称为多路开关语句,到底执行哪一块,取决于开关设置,也就是表达式的值与常量表达式相匹配的那一路,它不同于 if-else 语句,它的所有分支都是并列的,程序执行时,由第一分支开始查找,如果相匹配,执行其后的语句块,接着执行第2分支、第3分支等的语句块,直至遇到 break 语句;如果不匹配,查找下一个分支是否匹配。switch 语句通常和 break 语句联合使用,使得 switch 语句真正起到分支的作用。

4. 注意事项

在使用 switch 语句时还应注意以下几点:

(1) 在 case 后的各常量表达式的值不能相同,否则会出现错误。

(2) case 后的常量表达式的类型可以是整型、字符型、枚举型。

(3) 在 case 后,允许有多个语句,可以不用{}括起来。

(4) 各 case 和 default 子句的先后顺序可以变动,并不会影响程序执行结果。

(5) default 子句可以省略不写。

【任务实现】

分析:首先定义一个整型变量 x,再输入 x 的值,最后进行条件判断。先判断 x 的值是否在 0~5 之间,如果不在,输出"输入错误!",程序结束;如果 x=0,输出对应英文 Zero,如果 x=1,输出对应英文 One,以此类推。

程序如下:

```c
#include "stdio.h"
#include <stdlib.h>
void main()
{
    int data;
    printf("\n请输入0~5之间的数:");
    scanf("%d", &data);
    if( data<0||data>5)
    {
        printf("输入错误!\n"); exit(1);
    }
    switch( data)
    {
        case 0:  printf("Zero.\n");  break;
        case 1:  printf("One.\n");  break;
        case 2:  printf("Two.\n");  break;
        case 3:  printf("Three.\n");  break;
        case 4:  printf("Four.\n");  break;
        default: printf("Five.\n");
    }
}
```

运行结果如下:

请输入0~5之间的数:2↙
Two.

试一试:用 switch 实现以下功能,用数字表示月份,输入数字1,输出"一月份",输入数字2,输出"二月份",以此类推。

【任务拓展】

若 a 和 b 均是正整数变量,下列 switch 语句正确的是(　　)。

A. switch(pow(a,2) + pow(b,2)) (注:调用求幂的数学函数)
   { case 1: case 3: y = a + b; break;
     case 0: case 5: y = a-b;
   }

B. switch(a * a + b * b);
   { case 1: case 3: y = a + b; break;
     case 0: case 5: y = a-b;
   }

C. switch(a)
   { case 1: case 3: y = a + b; break;
     case 0: case 5: y = a-b;
   }

D. switch(a + b)
   { case1: case 3: y = a + b; break;
     case0: case 5: y = a-b;
   }

任务 4　　设计循环结构程序

子任务 4-1　使用 while 循环

【任务目标】

知识目标:理解循环的执行过程、特点,并能使用流程图描述出来。
技能目标:能灵活运用 while 语句实现循环结构程序设计。
品德品格:养成循序渐进、善于发现问题的习惯。

【任务描述】

使用 while 循环计算 1 + 2 + 3 + … + 10,并输出。

【预备知识】

顺序结构、选择结构和循环结构是结构化程序的三种基本结构。循环结构实现循环可以用三种语句(while、do-while、for)来实现。无论是哪种形式的循环,都需要满足三要素:循环的初值、循环的终值和状态的变化。

一、while 循环

while 语句是一种广泛使用的循环结构语句,是典型的"当型"循环,可以替代 for 循环结构,使程序更简洁清晰。

1. 格式

```
while(表达式)
{
    循环体语句组;
}
```

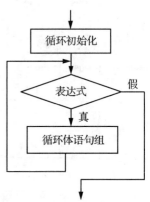

图 4-4-1　while 语句执行过程

2. 功能

先计算表达式的值,若为真值即非 0 值,则执行循环体语句组,然后返回继续判断表达式的值;否则结束 while 循环。其中,while 后的表达式可以是任意表达式,非 0 即真。循环体语句组为单条语句时,可以省略 { } 括号。执行过程如图 4-4-1 所示。

3. 注意事项

在循环体中一定要有使循环趋向结束的操作,否则循环将无限进行。

【任务实现】

分析:

(1) 定义两个整型变量:自变量 i 与存放和的变量 sum。

(2) 赋初值:因为自变量是从 1 开始而和是从 0 开始的,故设 i = 1,sum = 0。

(3) 条件判断:当自变量 i 的值小于等于 10 时,进行累加求和,即 sum = sum + i,自变量变化每次加 1,即 i ++。

(4) 当 i = 11 时,已超出条件,退出循环。

(5) 输出和 sum。

程序如下:

```c
#include <stdio.h>
void main()
{
    int i, sum;
    i = 1;                    // 循环的初值
    sum = 0;
    while(i <= 10)            // 循环的终值判断,如果 i 大于 10 就结束
```

```
        {
            sum = sum + i;
            i ++;                        // 状态的变化
        }
        printf("1 + 2 + 3 + ... + 10 = %d", sum);
    }
```

运行结果如下:

1 + 2 + 3 + ... + 10 = 55

注意:在循环体中,语句的先后位置必须符合逻辑,否则将会影响运算结果。如果将上面程序中的 while 循环体改写成如下形式:

```
while( i <= 10)
{
    i ++;                        // 先计算 i ++,后计算 sum 的值
    sum = sum + i;
}
```

运行后将输出:

1 + 2 + 3 + ... + 10 = 65

运行过程中,少加了第一项的值 1,而多加了最后一项的 11。

试一试:使用 while 循环求 1~100 之间的奇数的和。

【任务拓展】

1. 求 π 的近似值

用 $\dfrac{\pi}{4} = 1 - \dfrac{1}{3} + \dfrac{1}{5} - \dfrac{1}{7} + \dfrac{1}{9} - \cdots$ 公式求 π 的近似值,直到最后一项的绝对值小于 10^{-4} 为止。

分析:本题的基本算法也是求累加和,但稍复杂。

① 分母用来控制循环次数,若用 n 存放分母的值,则每累加一次,n 应当增加 2,每次累加的数不是整数,而是一个实数,因此,n 应当定义为 float 类型。

② 因每隔一项加数是负数,若用 t 来表示相加的每一项,则每加一项之后,t 的符号应当改变,可通过交替乘 1 和 -1 来实现。

③ 从以上求 π 的公式来看,不能决定 n 的最终值应该是多少,但可以用最后一项 t(1/n) 的绝对值小于 10^{-4} 来作为循环的结束条件。

程序如下:

```
#include <math.h>
#include <stdio.h>
void main()
{
    int s;
    float n, t, pi;
    t = 1.0;
    pi = 0;
    n = 1.0;
    s = 1.0;
    while(fabs(t) >= 1e-4)
    {
        pi = pi + t;
        n = n + 2.0;
        s = -s;
        t = s/n;
    }
    pi = pi * 4;
    printf("pi = %f\n", pi);
}
```

运行结果如下：

pi = 3.141397

2. 设计简单计算器的功能

想实现多次计算的功能,有些程序段需要反复循环执行,所以要用循环控制语句实现菜单的循环选择的功能。

程序如下：

```
#include <stdio.h>
void main()
{
    char opere;
    float num1, num2;  /* 定义字符变量 opere,存储运算符 */
    while(1)
    {
        printf("******************************\n");
        printf("     简单计算器菜单功能      \n");
```

```c
        printf("*****************************\n");
        printf("        + ------加法运算           \n");
        printf("        - ------减法运算           \n");
        printf("        * ------乘法运算           \n");
        printf("        / ------除法运算           \n");
        printf("        # ------退 出              \n");
        printf("      请选择菜单功能( + - */):     \n");
        printf("*****************************\n");
        scanf("%c", &opere);
        if( opere == '#')  break;
        printf("请输入运算数:");
        scanf("%f%f", &num1, &num2);
        fflush(stdin);  /*释放键盘缓冲区*/
        switch( opere)
        {
            case '+': printf("两数之和是:%.2f", num1 + num2); getch(); break;
            case '-': printf("两数之差是:%.2f", num1-num2); getch(); break;
            case '*': printf("两数之积是:%.2f", num1 * num2); getch(); break;
            case '/': printf("两数整除的商是:%.2f", num1/num2); getch(); break;
        }
    }
}
```

程序说明：

① 函数 fflush(stdin) 的功能是清除键盘缓冲区。通常在使用 scanf() 函数接收数据后，由于结束标志（通常是回车符）也存放在缓冲区中，若后面紧接着输入字符型数据，则会将回车符带入字符变量中，所以要先清除键盘缓冲区的数据。本程序中用 while(1) 真循环，无限循环，只有当输入字符"#"号时才能退出程序。

② 函数 getch() 的功能是从键盘上读入一个字符，但它不将读入的字符回显在显示屏幕上。getch() 函数可用于交互输入过程中完成暂停等功能。

子任务4-2 使用 do-while 循环计算各数的和

【任务目标】

知识目标：理解 do-while 循环的执行过程、特点，并能使用流程图描述出来。

技能目标：能区分 while 循环与 do-while 循环的不同。

品德品格：明确细节决定成败，差之毫厘、谬以千里的道理。

【任务描述】

使用 do-while 循环计算 $1+2+3+\cdots+10$ 并输出结果。

【预备知识】

do-while 语句是另一种广泛使用的循环结构语句,是典型的直到型循环,不管条件是否成立,至少执行循环体一次。

1. 格式

```
do
{
    循环体语句组;
} while( 表达式);
```

2. 功能

先执行循环体语句组,然后判断表达式,若为真值,则继续执行循环体语句组,直到表达式的值为假才结束循环,如图 4-4-2 所示。

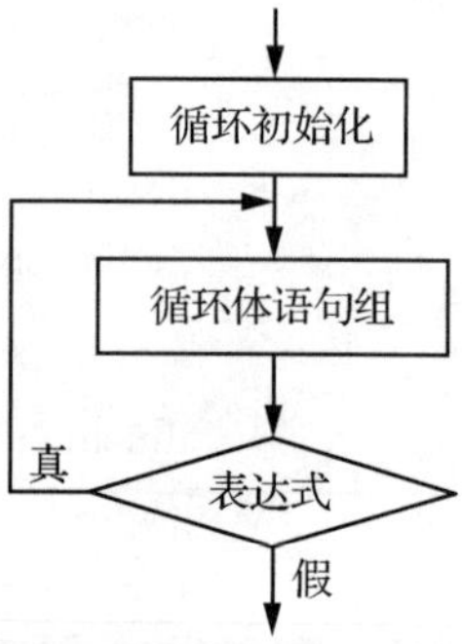

图 4-4-2 do-while 语句执行过程

【任务实现】

分析:

(1) 定义两个整型变量:自变量 i 和存放和的 sum。

(2) 赋初值:因为自变量是从 1 开始而和是从 0 开始,故设 $i=1$,$sum=0$。

(3) 先执行累加求和 $sum = sum + i$,自变量变化每次加 1,即 i++,然后再进行条件判断,当自变量 i 的值小于等于 10 时,再次进入循环。

(4) 直到 $i=11$ 时,已超过条件,条件为假,退出循环。

(5) 输出和 sum。

程序执行循环部分如图 4-4-3 所示。

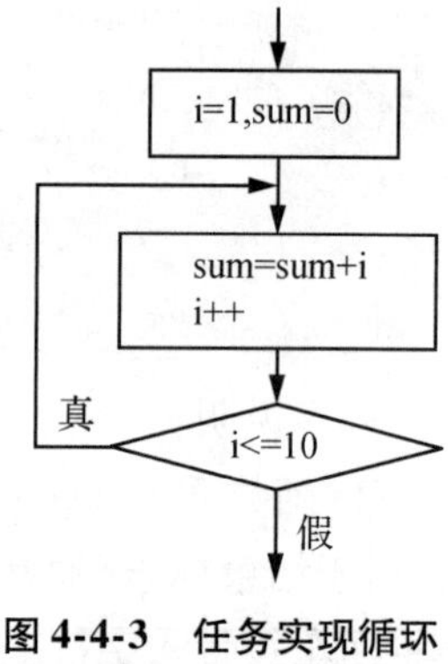

图 4-4-3 任务实现循环部分执行过程

程序如下:

```c
#include "stdio.h"
void main()
{
    int i, sum = 0;
    i = 1;
    do
```

```
        {
            sum = sum + i;
            i ++;
        } while( i <= 10);
        printf("sum = %d", sum);
}
```

运行结果如下:

sum = 55

3. 注意事项

(1) do-while 语句中 while( )语句后面的分号(;)必不可少。

(2) 如果循环体中包含两条或两条以上的语句,则形成复合语句,需要用{}将循环体括起来;当循环体只有一条语句时,括号{}可省略,但建议保留,避免与 while 语句混淆。

(3) do-while 与 while 语句的不同之处:

① 执行流程不同。do-while 语句先执行一次循环体,再判断表达式;而 while 语句先判断表达式,后执行循环体。

② 执行循环体次数可能不同。do-while 语句的循环体至少执行一次;而 while 语句的循环体可能一次也不执行。

试一试:使用 do-while 语句计算 5!。

【任务拓展】

用 $\dfrac{\pi}{4} = 1 - \dfrac{1}{3} + \dfrac{1}{5} - \dfrac{1}{7} + \dfrac{1}{9} - \cdots$ 公式求 π 的近似值,直到最后一项的绝对值小于 10^{-4} 为止。

分析:本题的基本算法与上一子任务中的任务拓展相同,只是使用了 do-while 语句进行设计。

程序如下:

```
#include <math.h>
#include <stdio.h>
void main( )
{
        int s;
        float n, t, pi;
        t = 1.0;
        pi = 0;
        n = 1.0;
```

```
            s = 1.0;
            do
            {
                pi = pi + t;
                n = n + 2.0;
                s = -s;
                t = s/n;
            } while( fabs( t ) >= 1e-4 ) ;
            pi = pi * 4;
            printf( "pi = %f\n", pi) ;
        }
```

运行结果如下：

pi = 3.141397

子任务4-3　使用for循环计算各数的和

【任务目标】

　　知识目标：理解 for 循环的执行过程、特点，并能使用流程图描述出来。
　　技能目标：能区分并灵活使用 while、do-while、for 循环语句。
　　品德品格：条条大路通罗马，解决问题的办法不止一种，要学会变通。

【任务描述】

　　使用 for 循环计算 1 + 2 + 3 + … + 10 并输出结果。

【预备知识】

　　从上面的任务分析，能看出 for 循环是当型循环，它是 C 语言所提供的另一种功能更强、使用更广泛的循环语句。for 循环是三种循环结构中使用最为灵活的循环，原则上任何循环程序均能用 for 语句构造出来。

　　1. 格式

```
for( 表达式 1; 表达式 2; 表达式 3)
{
    循环体语句组;
}
```

　　其中，循环体语句组也可以是一条语句，此时括号{ }可以省略。

2. 功能

（1）先计算表达式1,为循环初始化（赋初值）。

（2）计算表达式2,判断循环是否成立（值为真），则执行循环体语句组；否则转到第(5)步。

（3）计算表达式3,使循环变量按增量变化（此表达式必不可少,否则会陷入死循环,即循环永不停止）。

（4）转回到(2)继续执行。

（5）结束 for 语句,执行下一语句。

其执行过程如图4-4-4所示。

3. 说明

从 for 语句的执行过程可以看出,for 循环是先判断后执行,属于当型循环,循环体语句有可能一次也不被执行。例如：

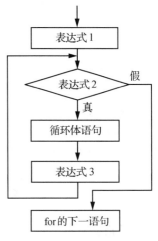

图 4-4-4　for 语句的执行过程

```
for( x = 10; x > 15; x ++)
    printf("%d =", x);                /* 一次也没执行 */
```

【任务实现】

分析：

（1）定义两个整型变量：自变量 i 与存放和的 sum。

（2）赋初值：因为自变量是从1开始而和是从0开始,故设 i = 1, sum = 0。

（3）条件判断：当自变量 i 的值小于等于10时,进行累加求和,即 sum = sum + i, 而且自变量变化每次加1,即 i ++。

（4）当 i = 11 时,已超过条件,退出循环。

（5）输出和 sum。

本程序考虑用 for 循环来完成,如图4-4-5所示。

程序如下：

```
#include "stdio.h"
void main( )
{
    int i, sum = 0;
    for( i = 0; i <= 10; i ++)
        sum + = i;
    printf("sum = %d", sum);
}
```

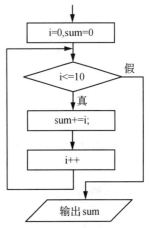

图 4-4-5　for 语句 1~10 求和的部分执行过程

运行结果如下:

sum = 55

4. 注意事项

(1) for 语句的书写形式十分灵活,它的三个表达式可适当省略,甚至全部省略,单个表达式间的分号不能省略。

(2) 若省略表达式 1,则循环变量的初值要在循环之上完成。

(3) 若省略表达式 2,则应在循环体内用 if 和 break 配合退出循环,避免出现死循环。

(4) 若省略表达式 3,则循环变量的改变要在循环体内进行,避免出现死循环。

试一试:求 n 的阶乘值。

【任务拓展】

1. 输出斐波那契数列前几项数据

斐波那契数列的前几项是 1,1,2,3,5,8,13,21,34……。编程输出该数列的前 13 项,每行输出 5 个数。

分析:从斐波那契数列的前几项可以看出此数列的变化规律,即第一项和第二项为 1,从第三项开始,每一项的值是前两项的和。我们可以用递推算法来求出斐波那契数列中每一项的值。

图 4-4-6 中,用变量 f1、f2 和 f3 来形象地表示递推的过程,给变量 f1 和 f2 最初分别赋值数列中第一和第二项的值 1 和 1,进行输出;然后进入循环,执行语句 f3 = f1 + f2;将所得和值存入 f3 中,这就是数列中的第三项,输出后,把 f2 的值移入 f1 中,将 f3 的值移入 f2 中,为求数列的下一项做好准备;接着进入下一次循环,通过语句 f3 = f1 + f2 求得数列的第四项;不断重复以上步骤,每重复一次就依次求得数列的下一项。因为要求输出数列的前 13 项,在进入 for 循环前已输出了第一和第二项的值,因此 for 循环只需循环 11 次。

```
位置号:   1   2   3   4   5   6   7
------------------------------------
数列:    1   1   2   3   5   8   13
             f1 + f2 ->f3
                 f1 + f2 ->f3
                     f1+f2->f3
                         f1+ f2 -> f3
```

图 4-4-6 斐波那契数列迭代过程

程序如下:

```
#include < stdio. h >
#define N 13
void main( )
{
    int i, f1, f2, f3, n;
```

```
        f1 = 1; f2 = 1;                          // 第一、第二项
        printf("%d %d ", f1, f2);
        n = 2;                                    // n 统计输出个数
        for( i = 1; i < N-2; i ++)
        {
            if( n%5 ==0) printf("\n");           // 输出 5 项后换行
            f3 = f1 + f2;
            printf("%d ", f3);
            n ++;
            f1 = f2;
            f2 = f3;
        }
    }
```

运行结果如下:

```
1    1    2    3    5
8    13   21   34   55
89   144  233
```

2. 鸡兔同笼趣题

鸡兔同笼是我国古代著名趣题之一。大约在 1 500 年前,《孙子算经》中就记载了这个有趣的问题。书中是这样叙述的:"今有雉兔同笼,上有三十五头,下有九十四足,问雉兔各几何?"这四句话的意思是:有若干只鸡兔同在一个笼子里,从上面数,有 35 个头;从下面数,有 94 只脚。问笼中各有几只鸡和兔?(穷举法实例)

分析:根据题意,定义一个整型数据 x 保存鸡的个数,则兔子的个数即为 35 - x。从 1 开始判断每个数是否满足题目中的条件,如果满足,则输出鸡的个数和兔子的个数;否则继续判断条件,直到鸡的个数超过 35 为止。

程序如下:

```
#include "stdio.h"
void main( )
{
    int x;
    for( x = 1; x <=35; x ++)
        if(( x * 2 +(35-x) * 4) ==94) // 判断鸡的脚数和兔的脚数是否满足题中条件
            printf( "鸡的个数为%d,兔子的个数为%d", x, 35-x);
}
```

运行结果如下:

鸡的个数为23,兔子的个数为12

3. 打印并输出所有水仙花数

所谓水仙花数是指一个三位数,其各位数的立方和等于数本身,如 $153 = 1^3 + 5^3 + 3^3$,所以153是一个水仙花数。

分析:个位、十位、百位数字的提取,利用整型数据的整除或者取余都可以完成。本例是利用整除来完成的,符合初学者的思维,算法容易被接受和理解。

程序如下:

```c
#include <stdio.h>
int main()
{
    int x, a, b, c;                    // 定义 x,a,b,c 四个整型变量
    for(x = 100; x < 1000; x++)        // 外层循环,水仙花数查询范围 100~999
    {
        a = x / 100;                   // 利用整除提取百位上的数字
        b = (x - a * 100) / 10;
                                       // 提取十位上的数字,(x-a*100)是将三位数变
                                       // 成两位数
        c = x % 10;                    // 提取个位上的数字
        if(x == a * a * a + b * b * b + c * c * c)
                                       // 判断水仙花数的条件,注意"=="号的使用
            printf("%d ", x);          // 输出水仙花数
    }
}
```

运行结果如下:

153 370 371 407

4. 判断年号是否闰年

编写程序,输出从公元1970年至2023年所有闰年的年号。每输出5个年号换一行。

判断闰年的条件是:

① 公元年数如能被4整除,而不能被100整除,则是闰年。

② 公元年数如能被400整除,则也是闰年。

程序如下:

```c
#include "stdio.h"
void main()
{
    int i, j = 0;
    for( i = 1970; i <= 2023; i ++ )
    {
        if( ( i%4 ==0 ) && ( i%100!=0 ) || ( i%400 ==0 ) )
        {
            printf("%d 是闰年\t", i );
            j ++ ;
        }
        if( j%5 ==0)  printf("\n");
    }
}
```

运行结果如下:

```
1972 是闰年    1976 是闰年    1980 是闰年    1984 是闰年    1988 是闰年
1992 是闰年    1996 是闰年    2000 是闰年    2004 是闰年    2008 是闰年
2012 是闰年    2016 是闰年    2020 是闰年
```

5. 求最大公约数和最小公倍数

输入两个正整数 m 和 n,求其最大公约数和最小公倍数。

分析:两个数的最大公约数就是 1(含 1)和两个数最小数(含最小数)之间能同时被两个数整除的最大数,可以通过循环由小到大去验证,最后一个能整除的数就是最大公约数;两个数的最小公倍数是大于两个数中最大数(含最大数)的整数中能同时被两个数整除的最小数,同样可以通过循环由小到大去验证,第一个能被整除的数就是最小公倍数。

程序如下:

```c
#include "stdio.h"
int main()
{
    long m, n;                // 存放两个整数
    long i = 1;               // 循环变量
    long max, min;            // max 存放两个数中最大数,min 存放两个数中最小数
    long j, s;                // j 为最大公约数,s 为最小公倍数
    printf("请输入两个数,中间用,分隔:");
    scanf("%ld,%ld", &m, &n);
    /* 判断两个数的最大数和最小数 */
```

```c
        if( m >= n)
        {
            max = m;
            min = n;
        }
        else
        {
            max = n;
            min = m;
        }
        /*求最大公约数*/
        for(; i <= min; i ++)
        {   // 能同时被两个数整除,为公约数,退出循环时 s 的值就是最大公约数
            if( m%i ==0&&n%i ==0)
                s = i;
        }
        /*求最小公倍数*/
        j = max;                    // 假设最小倍数为最大值
        /*通过循环去验证是否能同时整除两个数,若不能,则 j 自动增 1 */
        /*继续验证,直至能同时整除,则 j 的值就是最小公倍数 */
        for(;!(j%m ==0&&j%n ==0); j ++);
            printf("最大公约数 =%ld,最小公倍数 =%ld\n", s, j);
}
```

运行结果:

请输入两个数,中间用,分隔:7,14↙
最大公约数 =7,最小公倍数 =14

子任务4 使用循环控制

【任务目标】

知识目标:能正确书写并理解 break 语句,理解它在循环中的作用。
技能目标:能正确书写并理解 continue 语句,理解它在循环中的作用。
品德品格:养成节约的习惯,学会降低成本并实现更高价值,实现高质量发展。

项目四 设计结构化程序

【任务描述】

输入一个整数,判断它是否是素数。

【预备知识】

在以前的章节已经介绍过用 break 语句可以使流程跳出 switch 语句体。在循环结构中,也可以用 break 语句使流程跳出本层循环体,从而提前结束本层循环。与循环有关的控制语句除了 break 以外,还有 continue 语句,它们可以控制改变循环执行过程。

一、break 语句

1. 格式

```
break;
```

2. 功能

强行退出本层循环语句或 switch 语句。

3. 说明

只能在循环体内和 switch 语句体内使用 break 语句;当 break 出现在循环体中的 switch 语句体内时,其作用只是跳出该 switch 语句体。当 break 出现在循环体中,但并不在 switch 语句体内时,在执行 break 后,跳出本层循环体。

例 4-4-1　分析下面程序的执行结果。

```
#include "stdio.h"
void main()
{
    int i, s;
    s = 0;
    for( i = 1; i <= 10; i ++ )
    {
        s = s + i;
        if( s > 5) break;
        printf("s = %d\n", s);
    }
}
```

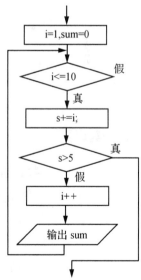

图 4-4-7　例 4-4-1 执行过程

分析:上例中,如果没有 break 语句,程序将循环 10 次;现例题中有 bread 语句,则当 i = 3 时,s 的值为 6,if 语句中 s > 5 的值为真,于是执行 break 语句,跳出 for 循环,提前结束循环,执行过程如图 4-4-7 所示。

运行结果如下:

```
s = 1
s = 3
```

二、continue 语句

1. 格式

```
continue;
```

2. 功能

结束本次循环,即跳过本次循环体中余下尚未执行的语句,接着再一次进行循环条件判断。注意,执行 continue 语句并没有使整个循环终止。

例 4-4-2 编写程序,求 1~10 中所有偶数之和。

```c
#include <stdio.h>
void main()
{
    int sum = 0, i;
    for( i = 1; i <= 10; i ++ )
    {
        if( i%2!=0)  continue;      // 如果不能被 2 整除,则跳过后面求和语句,执行 i ++
        sum + = i;                  // 如果能被 2 整除,则进行求和
    }
    printf("sum = %d\n", sum);
}
```

运行结果如下:

```
sum = 30
```

【任务实现】

分析:所谓素数是指除了 1 和它本身,不能被其他数整除的数。

(1) 定义两个整型变量:数据 n 和循环变量 i。

(2) 循环变量 1 从 2 向 $n-1$ 变化(事实证明,只要变化到 $\sqrt{n}$ 即可),让 n 被每个 i 除,如果发现有 1 个数能被整除,就说明 n 不是素数,立即跳出循环,用 break 语句来完成,此时 i 值一定未超过终值 $\sqrt{n}$;如果 n 不能被 2 至 $\sqrt{n}$ 之间的任何一个整数整除,则说明这个数是素数,循环变量 i 值超过终值 $\sqrt{n}$,退出循环。

程序如下:

```c
#include <math.h>                    // 数学函数库
#include <stdio.h>
```

```
void main()
{
    int n, i, k;
    printf("请输入一个整数:");
    scanf("%d", &n);
    k = sqrt(n);                        // 求√n的函数是sqrt()
    for(i = 2; i <= k; i++)
        if(n%i == 0)  break;            // 能被2~√n的数整除,不是素数,跳出循环
    if(i > k)  printf("%d 是素数\n", n);
    else printf("%d 不是素数\n", n);
}
```

运行结果如下:

请输入一个整数:5 ✓
5 是素数

【任务拓展】

以下程序的输出结果是_____。

```
#include "stdio.h"
void main()
{
    int i;
    for(i = 1; i <= 5; i++)
    {   if(i%2) printf("*");
        else continue;
        printf("#");
    }
    printf("$");
}
```

分析:if(i%2)表示i不能被2整除,即i%2!=0;当i的值分别为1、3、5时,满足if条件,执行输出*,然后顺序执行输出#;当i的值为2和4时,不满足if条件,而else后为continue语句,即不执行后面的"printf("#");"语句,而执行"i++;",当i的值变为6时不满足for的循环条件,退出循环,执行输出,所以此题的执行结果如下:

##*#$

任务5　打印小九九表

【任务目标】

知识目标:能正确理解循环嵌套的概念、运行过程。
技能目标:能正确分析、运算循环嵌套,能编写一些典型题的程序。
品德品格:对错综复杂的事情学会层层剖析、化繁为简。

【任务描述】

打印小九九表。

分析:小九九表类似于一个9行9列的方阵,每一行中列值都从第1列到第9列,共九行,即循环9次(还有更优的方法,列值到主对角线即可,即i和j值相等),每次输出行和列对应值的乘积。每行结束后换行。

【预备知识】

在一个循环体内包含另一个完整的循环体结构,称为循环嵌套。例如:

```
for( i = 1; i <= 2; i ++ )
    for( j = 1; j <= 2; j ++ )
        printf("#");
```

输出结果如下:

####

前面介绍的三种类型的循环都可以互相嵌套,循环嵌套可以多层,但每一层循环在逻辑上必须是完整的。在编写程序时,嵌套循环的书写要采用缩进的方式,内层循环中的语句应该比外层循环中的语句有规律地向右缩进2~4列,这样层次分明,易于阅读。

1. for 循环的嵌套

for 循环体内可以是任意合法的 C 语言句,包括 for 语句本身,for 循环嵌套的形式如图4-4-8所示。其中(a)是双重循环,(b)是三重循环(也叫多重循环),(c)是双重循环(循环体内的两个循环是并列的循环结构)。其实,无论嵌套多少层,for 循环的规则是不变的,各层遵守各层的规则:内循环相当于外循环的一个语句。可以在循环体内加 break 语句结束本层循环,加 countiune( )语句结束本次循环。

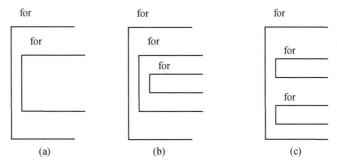

图 4-4-8　for 循环结构嵌套示意图

2. 三种循环语句的互相嵌套

while 循环、do-while 循环和 for 循环也可以互相嵌套,但不能交叉!

【任务实现】

要输出直角三角形的九九表,要控制输出 9 行,每行的列数与行数相同。所以要用双重循环来完成。定义变量 i,j 用来表示行和列的取值,设外循环 i 为行循环,i 的取值为 1~9,i 每次增 1;内循环 j 为列循环,j 的取值为 1~i,每输出一行后要换行。流程图如图 4-4-9 所示。

程序如下:

```
#include "stdio.h"
void main()
{
    int i, j;
    for(i = 1; i <= 9; i ++)  // 一共 9 行
    {
        for(j = 1; j <= i; j ++)
        /* 主对角线行列坐标值相同,即 i == j */
            printf("%d * %d = %d\t", i, j, i * j);
        printf("\n");  // 每行结束后换行
    }
}
```

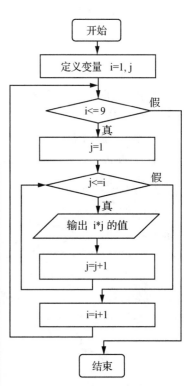

图 4-4-9　打印小九九表的流程图

运行结果如下:

```
1*1=1
2*1=2  2*2=4
3*1=3  3*2=6   3*3=9
4*1=4  4*2=8   4*3=12  4*4=16
5*1=5  5*2=10  5*3=15  5*4=20  5*5=25
6*1=6  6*2=12  6*3=18  6*4=24  6*5=30  6*6=36
7*1=7  7*2=14  7*3=21  7*4=28  7*5=35  7*6=42  7*7=49
8*1=8  8*2=16  8*3=24  8*4=32  8*5=40  8*6=48  8*7=56  8*8=64
9*1=9  9*2=18  9*3=27  9*4=36  9*5=45  9*6=54  9*7=63  9*8=72  9*9=81
```

【任务拓展】

1．利用 for 循环打印图形

使用双重 for 循环打印下面的图形。

```
 ****
  ****
   ****
```

分析：图形由三行组成，每行由空格和 * 组成，第一行由 1 个空格和 4 个 * 组成，第二行由 2 个空格和 4 个 * 组成，第三行由 3 个空格和 4 个 * 组成，空格的个数与行号相同，所以空格的循环条件为 k <= i（i 为行号，k 为每行空格数）。

程序如下：

```c
#include "stdio.h"
void main()
{
    int k, i, j;
    for(i=1; i<=3; i++)                      /*共三行*/
    {
        for(k=1; k<=i; k++)  printf(" ");    /*每行空格数*/
        for(j=1; j<=4; j++)  printf("*");    /*每行*个数*/
        printf("\n");                        /*一行结束后应换行*/
    }
}
```

2．求素数

求 3~100 之间的所有素数，按每行 4 列输出。

分析：程序中可用双重循环来处理。外层循环用来控制变量是否在 3~100 范围内，内层循环用来判断一个数是否为素数。若是素数，统计素数个数，再按每行输出 4 个素数的形式输出。

程序如下:

```c
#include "stdio.h"
void main()
{
    int n, k, flag, j = 0;
    for( n = 3; n <= 100; n + = 2)
                        /*从3开始的偶数都不是素数,只能是奇数,即 n +=2 */
    {
        flag = 1;                /*假设判断的数是素数,用 flag 标志*/
        for( k = 2; k <= n-1; k ++ )
            if( n%k == 0)  {flag = 0; break;}
                        /*一旦有满足条件可整除的数,flag = 0 */
        if( flag == 1)
        {
            printf("%d\t", n);
            j ++;                /*统计素数个数*/
            if( j%4 == 0)  printf("\n"); /*1 行输出 4 个数,否则换行*/
        }
    }
}
```

运行结果如下:

3	5	7	11
13	17	19	23
29	31	37	41
43	47	53	59
61	67	71	73
79	83	89	97

3. 统计学生的平均成绩

输入 4 名学生 3 门课程的成绩,分别统计出每名学生 3 门课程的平均成绩。

分析:程序中可用双重循环来处理。外层循环每循环一次,输入一名学生的成绩并求出此学生的平均分,然后输出该生的全部成绩。4 名学生,循环 6 次。内层循环中读入第 i 名学生 3 门课的成绩,并进行累加。

程序如下:

```c
#include "stdio.h"
#define N 4
#define M 3
void main( )
{
    int i, j;
    float g, sum, ave;
    for( i = 1; i <= N; i ++ )
    {
        sum = 0;
        for( j = 1; j <= M; j ++ )
        {
            scanf( "%f", &g) ;
            sum = sum + g;
        }
        ave = sum/ M;
        printf( "第%d 名学生的平均分为%5.2f\ n", i, ave) ;
    }
}
```

运行结果如下：

50 60 70 ✓

第 1 名学生的平均分为 60.00

60 70 80 ✓

第 2 名学生的平均分为 70.00

70 80 90 ✓

第 3 名学生的平均分为 80.00

再运行一次的结果如下：

50 60 70 60 70 80 70 80 90 ✓

第 1 名学生的平均分为 60.00

第 2 名学生的平均分为 70.00

第 3 名学生的平均分为 80.00

项目小结

通过本项目的学习，学生应该掌握以下内容：

（1）顺序结构是指程序中的语句都是按先后顺序执行的，不存在分支、循环和跳转。因此，顺序结构是最简单、最基本的一种结构。

（2）数据的输入和输出函数。C语言的输入/输出函数有多种，按格式输入/输出是由函数 scanf( ) 和 printf( ) 来实现的，它们也是使用频率最高的一对函数。使用函数 scanf( ) 时，输入项必须是变量的地址；输入数据时，要注意输入操作与设计的格式控制保持完全一致，否则变量得不到预期结果。使用函数 printf( ) 时，格式字符与输出数据的顺序、类型、个数必须一一对应。

（3）选择结构通常由 if 单分支、if-else 双分支、if-else 嵌套多分支构成。switch 语句也是实现多分支选择结构的一种方式，switch 中的 break 语句很重要，要注意区分有 break 语句和无 break 语句。

（4）循环结构是三种基本结构中最复杂的一种结构。实现循环一般有三种：while 语句、do-while 语句和 for 语句。三种语句可以相互转换，一般情况下，当循环次数确定时，选择使用 for 语句实现；而当循环次数不确定时，选择使用 while 语句和 do-while 语句来实现。循环一般有三要素：循环的初值、循环的终值、状态的变化。三种循环之间可以相互嵌套，也可以通过使用 break 语句来提前结束循环。

课后习题

一、单选题

1. 下列各种选择结构的问题中，最适合用 if-else 语句来解决的是(　　)。
   A. 控制单个操作做或不做的问题
   B. 控制两个操作中选取一个操作执行的问题
   C. 控制三个操作中选取一个操作执行的问题
   D. 控制 10 个操作中选取一个操作执行的问题

2. 执行下列程序段后输出结果是(　　)。

```
x = 1;
while( x <= 3)  x ++ , y = x +++ x;
printf("%d, %d", x, y);
```

   A. 6,10　　　　B. 5,8　　　　C. 4,6　　　　D. 3,4

3. 下列选项不属于 switch 语句的关键字是(　　)。
   A. break　　　B. case　　　　C. for　　　　D. default

4. 执行下列程序后输出结果为(　　)。

```
main( )
{   int y = 10;
    while( y-- );
    printf("y = %d\n", y);
}
```

   A. y = 0　　　　　　　　　　B. while 构成无限循环

C. y = 1 　　　　　　　　　　　　　　D. y = −1

5. C 语言的 if 语句嵌套中,if 与 else 的配对关系是(　　　)。

A. 每个 else 总是与它上面最近的 if 自由配对

B. 每个 else 总是与最外层的 if 配对

C. 每个 else 与 if 的配对是任意的

D. 每个 else 总是与它上面的 if 配对

二、填空题

1. 设字符型变量 ch1 中存放的字符是 A,字符型变量 ch2 中存放的字符是 B,则执行"(ch1 = ′B′) || (ch2 = ′C′)"的运算后,变量 ch2 中的字符是_____。

2. 设有整型变量 x,如果表达式"! x"的值为 0,则 x 的值为_____;如果表达式"! x"的值为 1,则 x 的值为_____。

3. 程序段"int k = 10; while(k = 0) k = k-1;"中循环体语句执行_____次。

4. 执行下面的程序后,s 的值是_____。

```
for( s = i = 1; i < 100; i ++ )
    s = s + 1/ i;
```

5. 执行下面的程序后,a 的值是_____。

```
int a = 0, j = 1;
do
{
    a += j; j ++;
} while( j! =5);
```

三、实训题

1. 已知某公司员工的保底薪水为 500,某月所接工程的利润 profit(整数)与利润提成的关系如下(计量单位:元):

　　　　profit ≤ 1 000　　　　　　　　没有提成;
　　　　1 000 < profit ≤ 2 000　　　　　提成 10%;
　　　　2 000 < profit ≤ 5 000　　　　　提成 15%;
　　　　5 000 < profit ≤ 10 000　　　　 提成 20%;
　　　　10 000 < profit　　　　　　　　提成 25%。

编写程序,输入利润值,输出对应的提成后的薪水。

2. 编写程序,统计并输出能被 3 整除或能被 5 整除或能被 7 整除的所有三位整数。

3. 编写程序,依次输入 5 个学生的 7 门课程的成绩,每输入一个学生的 7 门课程成绩后,立即统计并输出该学生的总分和平均分。

4. 有一个偶数,当它分别被 3、4、5、6 除时,余数均为 2,编写程序,求满足上述条件的最小偶数。

5. 编写程序,计算并输出所有三位整数中能被 4 整除且十位不是 4 的数之和与其中的最大数、最小数。

6. 编写程序,计算 $1 \times 2 \times 3 + 2 \times 3 \times 4 + 3 \times 4 \times 5 + \cdots + n \times (n+1) \times (n+2)$ 之和。

7. 编写程序,求 $S_n = a + aa + aaa + \cdots + aa\cdots aaa$(有 n 个 a)的值,其中 a 是一个数字。例如,$2 + 22 + 222 + 2222 + 22222(n=5)$,n 由键盘输入。

项目五 设计模块化程序

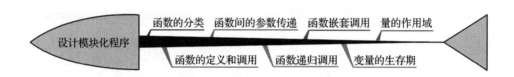

任务1 学习函数的分类

【任务目标】

知识目标：能理解模块化程序设计思想，明确模块化程序设计的优点。
技能目标：学会函数分类，并能正确使用库函数及头文件。
品德品格：认识到团队的力量，理解团结协作的意义，培养良好的沟通能力。

【任务描述】

求 $y = x^{2.5} + 3.5$ 的值。

【预备知识】

在前面各章的例子中及读者自己编写的 C 语言程序中都用到了以"main"开头的主函数，并且在程序中频繁地调用了 C 语言提供的用于输入和输出的库函数——scanf()、printf()。我们发现函数 main() 是由用户自己编写的，而函数 scanf()、printf() 则是由 C 语言提供的，用户只要正确调用即可。

一个较大的程序总是由若干个模块组成,每个模块都负责完成一定的功能,这个模块称为子程序,在 C 语言中子程序的功能是由函数来完成的。

一、函数的特点

① 函数是 C 语言程序的基本单位,一个 C 语言程序由一个主函数(main)和若干个其他函数组成。

② 程序从主函数开始执行,它由系统函数调用,程序运行过程中主函数可以调用其他函数,其他函数之间也可以互相调用。所有函数都是平行的,即在定义函数时是分别进行的,是互相独立的。一个函数并不从属于另一个函数,即函数不能嵌套定义,但可以嵌套调用。

③ 使用函数可以方便地将一个复杂的问题分解为若干个简单的问题,便于分工合作;已经定义好的函数可以重复使用,减少代码的重复编写,提高效率,且便于阅读和维护。

使用函数的优点:各模块相对独立、功能单一、程序结构清晰,可读性好;每个模块简单,所以可靠性高;减少重复编码的工作量,缩短开发周期;易于维护和进行功能扩充。

二、函数的分类

1. 从用户使用的角度分类

① 库函数。库函数是由系统提供的,如 sqrt(x)、fabs(x)、sin(x)函数等,这类函数只要用户在程序的开头包含其所在的头文件,即可直接调用。

② 自定义函数。自定义函数是程序设计人员根据问题的需要自己定义的函数。如果函数使用得恰当,可以使程序结构清晰。

2. 从函数完成的任务分类

① 有返回值函数。该类函数运行结束时,将计算结果返回到主调函数。

② 无返回值函数。该类函数运行结束时,没有数据返回,它只是完成某一种操作。

3. 从函数的表示形式分类

① 无参函数。主调函数没有将数据传递给被调函数,一般用来完成某一种操作;无参函数可以带回或不带回函数值到主调函数。

② 有参函数。调用该类函数时,在主调函数和被调函数之间有数据传递。主调函数可以将数据传递给被调函数使用,被调函数的计算结果也可以带回主调函数使用。

三、库函数

C 语言提供丰富的库函数,这些函数包括了常用的数学函数,如求正弦值的 sin 函数、求平方根值的 sqrt 函数;对字符和字符串进行处理的函数;进行输入/输出处理的各种函数……用户应该学会正确调用这些已有的库函数,而不必自己编写。本书附录 4 中列出了常用的库函数,供读者查阅。

1. 调用 C 语言标准库函数时要求的 include 命令

对每一类库函数,附录中都列出了在调用该类库函数时,用户在源程序 include 命令

中应该包含的头文件名。例如,调用数学库函数时,要求程序在调用数学库函数前包含以下 include 命令:

```
#include "math.h"
```

include 命令必须以#号开头,系统提供的头文件以".h"作为文件的后缀,文件名用一对双撇号" "或一对尖括号< >括起来。注意:include 命令不是 C 语句,因此不能在最后加分号。有关 include 命令的功能将在项目十中进行详细介绍,在此之前读者只需依样使用就行。

2. 标准库函数的调用

对库函数的一般调用形式如下:

```
函数名(参数表)
```

在 C 语言中,库函数的调用可以有两种形式。

① 出现在表达式中。例如,求 y = |x| + 7 可以通过以下语句调用 abs(x) 函数来求得:

```
y = abs(x) + 7;
```

在这里,函数的调用出现在赋值号右边的表达式中。又如:

```
x > y?printf("x") : printf("y");
```

在此,函数 printf() 作为表达式出现在?:语句中。

② 作为独立的语句完成某种操作。例如:

```
printf("欢迎你!\n");
```

在函数 printf() 调用之后加了一个分号,这就构成了一个独立的语句,完成在一行上输出"欢迎你!"的操作。

用户只需根据需要,选用合适的库函数,正确地进行调用,就可以方便地得到计算结果或进行指定的操作。各个函数的功能、参数的个数和类型、函数值的类型,也在附录中给出了说明。

【任务实现】

分析:在数学函数中,函数 pow() 的功能是计算 x^y(求 x 的 y 次方),这个函数具有两个双精度类型的形式参数,调用时必须给予两个同类型的参数,并把所计算的结果作为函数值返回。

程序如下:

```
#include "stdio.h"
#include "math.h"           /*调用数学库函数的头文件*/
void main()
{
    double x, y;            /*函数 pow() 的操作数类型是 double*/
```

```
        printf("请输入 x:");
        scanf("%lf", &x);
        y = pow(x, 2.5) + 3.5;
        printf("y = %lf", y);              /* lf 用来输出双精度型数据 */
}
```

运行结果如下：

```
请输入 x:4↙
y = 35.500000
```

试一试：编程，计算下列式子并输出结果。

$$\frac{-b+\sqrt{b^2-4ac}}{2a}$$

任务2　定义和调用函数

【任务目标】

知识目标:理解函数的定义和调用的关系与区别。
技能目标:学会自行定义函数并正确调用。
品德品格:没有规矩不成方圆,一切事物运行都有要遵循的规律。

【任务描述】

定义一个 max( ) 函数,求两个数中的最大值。

【预备知识】

一、函数的定义

定义函数有两种方式:直接定义和先声明后定义。直接定义的函数,定义函数必须写在调用函数之前。

1. **直接定义**

(1) 定义函数格式。

```
函数返回值类型 函数名(参数表)        /* 函数的头 */
{
    说明部分;                        /* 变量的说明 */
```

```
        执行部分;                      /*完成具体功能的语句*/
        [return 表达式;]               /*返回函数的值*/
}
```

(2) 说明。

一个函数由函数头和语句体两部分组成。

函数头由下列三部分组成:函数返回值类型、函数名、参数表。说明部分和执行部分(包括 return)称为函数体。

2. 先声明后定义

如果定义函数写在调用函数之后,那么就必须在调用函数之前先声明函数,声明一般放在程序的头部,再定义函数。

(1) 声明函数格式。

    函数返回值类型 函数名([参数类型列表]);

(2) 说明。

声明函数必须要有函数的返回值类型、函数名,如果有形参,必须要有形参的类型和形参的数量。定义函数时函数头要与声明时一致(形参名除外)。

函数之间的关系是并列的,没有顺序之分,但一般规范的书写方式是先写主函数,后写一般函数,这样主函数在调用一般函数时就要加函数的引用声明(先声明后使用的原则)。若定义在前,调用在后,可以省略引用声明。

注意:函数的声明与函数的定义不是一回事。定义是指对函数功能的确立,包括指定函数名、函数值类型、形参及其类型、函数体等,它是一个完整且独立的函数单位。而声明则是对定义的函数的返回值进行类型说明,能使 C 语言的编译程序在编译时进行有效的类型检查;它只包括函数名、函数值类型及一个空括号,不包括形参和函数体(可包括形参类型)。例如:

```
double add( double, double);
```

也可以与变量一起出现在同一个定义语句中。例如:

```
double x, add( double, double);
```

例 5-2-1 函数声明的使用。

```
#include "stdio.h"
void printStar( int);  // 声明函数,形参名可以省略,形参类型必须有
int main( )
{
    int i;
    for( i = 1; i < 5; i ++)
        printStar(4);
```

}

void printStar(int a) // 函数定义,注意,形参名要给出,其他与声明一致
{   int i;
     for(i = 1; i < a + 1; i ++)
     printf(″ * ″);
     printf(″\ n″);
}

说明:

① 函数返回值类型:可以是 C 语言的基本数据类型或空类型(void),无返回值时即为空类型。

② 函数名:在程序中必须是唯一的,即不能有同名的函数,它也遵循标识符命名规则,必须带()用来和变量名区分,即()不能省略。

③ 形参数说明表:形式上的参数简称形参(只能是变量),形参可以有多个,也可以没有,当有多个形参时,要分别加以说明。在函数调用的时候,实际参数(实参)的值将被拷贝到这些变量中。

④ 说明部分:说明该函数中的变量,或其他函数的声明。

⑤ 执行部分:完成具体功能的可执行代码。

⑥ return 表达式:将表达式的值作为函数的值返回给调用者。当无返回值时,可省略之。表达式结果类型要与返回值类型一致,否则会自动转换为返回值类型,函数在执行到 return 语句时,结束函数运行,返回调用程序,return 后面的语句将不再执行。

二、函数的调用

自定义函数并不能独立运行,需要主函数来调用它才能执行。每个 C 程序的入口和出口都位于函数 main( )之中。main( )函数可以调用其他函数,这些函数执行完毕后程序的控制又返回到 main( )函数中,main( )函数不能被别的函数调用。函数调用发生时,立即执行被调用的函数,而调用者则进入等待状态,直至被调用函数执行完毕。函数可以有参数和返回值,也可以没有。

函数定义之后就可以在程序中使用,我们把在一个函数中使用另一个函数的功能,称为函数的调用,提供功能的函数称为被调函数,使用功能的函数称为主调函数。通过函数之间相互调用,实现程序的功能。

1. 主调函数的一般格式

函数名([实参列表])

其中,实参列表是可选项,必须与定义时函数的形参列表一致,即个数一致、类型一致、顺序一致。

2. 调用函数的过程

根据函数名找到被调函数,若没找到,系统将报告出错信息;若找到,为形参开辟存储

空间。

① 计算实参的值,并将实参的值传递给形参。

② 保护主调函数的现场,中断主调函数,转到被调函数的函数体中开始执行。

③ 遇到 return 语句或函数结束的花括号时,返回主调函数。

④ 释放形参和调用函数中临时变量的内存空间。

⑤ 恢复现场从主调函数的中断处继续执行。

例 5-2-2 通过主调函数调用 sum( ) 函数,实现求和功能。调用函数过程如图 5-2-1 所示。

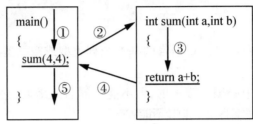

图 5-2-1 调用函数过程

程序如下:

```
#include "stdio.h"
int sum( int a, int b)
{
    return a + b;
}

int main( )
{
    int i;
    printf("%d", sum(4,4) );
}
```

3. 常见的函数调用方式

(1) 单独作为一个语句。一般是返回值类型为 void 或不想使用返回值的函数。例如:

```
printStar(4);
```

(2) 作为表达式的一部分。使用函数的返回值进行计算。例如:

```
t = t + sum(1,2);
```

(3) 作为函数的参数。例如:

```
printf("%d", sum(4,4) );
```

【任务实现】

分析：

① 先定义一个子函数,求两个数中的大值:因为要求两个数中的最大数,所以要定义两个形参 x、y,还要定义一个存放最大值的变量 max。

② 在自定义函数中使用 if 语句比较 x、y 的大小,把大值放到 max 中,并使用语句"return max;"把 max 返回。

③ 主函数对子函数进行调用,其间通过传递参数将用户数据传给子函数,子函数运算完毕后将值返回主函数。

程序如下：

```c
#include "stdio.h"
int f_max( int x, int y)
{
    int max;
    if( x > y)
        max = x;
    else
        max = y;
    return max;
}
void main( )
{
    int x, y, a;
    printf("请输入两个数:");
    scanf("%d%d", &x, &y) ;
    a = f_max(x, y);
    printf("最大数为%d", a);
}
```

运行结果如下：

请输入两个数:3 89 ✓
最大数为 89

试一试：自定义一个无参无返回值的函数。

【知识拓展】

输出 3 行"＊",第一行 2 个,以后每增加 1 行增加 2 个"＊",输出图形如下：
＊＊

```
****
******
```

分析:每行中输出"*"的个数分别是2、4、6,可定义一个函数,功能是输出不确定个数的"*",其具体的个数由主函数中的实参决定。由此题可进一步了解使用函数的益处。

程序如下:

```c
#include "stdio.h"
void fp( int n)
{
    int i;
    for( i = 1; i <= n; i ++ )
        printf(" * ");
    printf("\n");
}

void main( )
{
    fp(2);
    fp(4);
    fp(6);
}
```

任务3　　传递函数

【任务目标】

知识目标:理解主调函数和被调函数之间的数据传递方式。

技能目标:能正确地使用函数参数的传递解决实际问题。

品德品格:培养团队协作意识,学会与人积极沟通,与人为善,合作共赢。

【任务描述】

定义一个sushu( )函数,用来判断自变量a是否为素数,若是素数,函数返回1,否则返回0。

【预备知识】

1. 形参和实参

形参:函数定义时参数列表中的变量,用来接收调用函数时传递的数据。形参只有在函数被调用时才有存储空间,也叫虚参。

实参:调用函数时为形参赋值的数据。

2. 传递方式

C 语言中,调用函数和被调函数之间的数据可以通过三种方式进行传递:

① 实参和形参之间进行数据传递。

② 通过 return 语句把函数值返回主调函数。

③ 通过全局变量。但这不是一种好的方式,通常不提倡使用。

在 C 语言中,当函数之间的信息是通过实参和形参传递时,传递有两种方式,"值传递"和"地址传递"。发生函数调用时,实质就是将实参的值(或地址)分别传递给对应的形参,然后执行该被调用的函数,执行完毕后再返回到主调函数中的调用处。实参与形参之间遵循"类型匹配、个数相等、按位置一一对应"的原则。

3. "值传递"规则

"值传递"数据只能从实参单向传递给形参。当实参为变量时,形参和实参分别占有不同的存储空间,也就是说,当简单变量作为实参时,用户不可能在函数中改变对应实参的值。我们在后续章节中将学习指针,那时再学习"按地址"传递。

形参与实参只是类型相同,没有直接关系,所以二者可以同名,互不干扰。因为形参只是在所定义的函数中有效。

例 5-3-1 以下程序展示了函数参数之间的单向传递,请观察程序的执行结果。

```c
#include "stdio.h"
void main()
{
    int try(int , int, int);
    int x = 1, y = 2, z = 3;
    printf("(1)  x = %d, y = %d, z = %d\n", x, y, z);
    try(x, y, z);
    printf("(4)  x = %d, y = %d, z = %d\n", x, y, z);
}

int try(int x, int y, int z)
{
    printf("(2) x = %d, y = %d, z = %d\n", x, y, z);
    x = x + 1;
```

```
        y = y + 2;
        z = z * 4;
        printf("(3)  x = %d, y = %d, z = %d\n", x, y, z);
    }
```

运行结果如下：

(1) x = 1, y = 2, z = 3
(2) x = 1, y = 2, z = 3
(3) x = 2, y = 4, z = 12
(4) x = 1, y = 2, z = 3

分析：当程序从函数 main() 开始运行时,按定义在内存中开辟了三个 int 型的存储单元 x、y、z 且分别赋初值 1、2 和 3,调用函数 try() 之前的 printf 语句输出结果验证了这些值;当调用函数 try() 之后,程序的流程转向函数 try(),这时系统为函数 try() 的三个形参 x、y、z 分配了另外三个临时的存储单元,如图 5-3-1（横线上方）所示,实参 x、y、z 把值 1、2、3 传递给对应的形参 x、y、z,实参和形参虽然同名,但它们占用不同的存储单元。

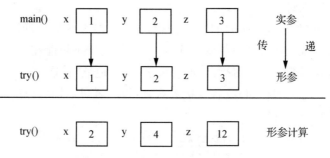

图 5-3-1　例 5-3-1 参数传递过程

当进入函数 try() 后,首先执行一条 printf 语句,输出函数 try() 中的 x、y、z 的值,因为未对它们进行任何操作,故仍输出 1、2 和 3;当执行了赋值语句"x = x + 1;y = y + 2;z = z * 4;"之后,这时 x、y、z 存储单元中的值分别为 2、4、12,如图 5-3-1（横线下方）所示;当退出函数 try() 时,其中 x、y、z 变量所占存储单元将消失（释放）。流程返回到函数 main(),然后执行函数 main() 中最后一条 printf 语句,输出了 x、y、z 的值。由输出结果可见,函数 main() 中的 x、y、z 的值在调用函数 try() 后没有任何变化。

以上程序运行的结果证实了在调用函数时,实参的值将传递给对应的形参,但形参值的变化不会影响对应的实参。

例 5-3-2　以下程序企图通过函数 swap() 交换主函数中变量 x 和 y 中的值。请分析程序的输出结果。

```c
#include "stdio.h"
void main()
{
    int x = 6, y = 8;
    int swap(int, int);
    printf("(1)  x = %d, y = %d\n", x, y);
    swap(x, y);
    printf("(4)  x = %d, y = %d\n", x, y);
}

int swap(int a, int b)
{
    int t;
    printf("(2)  x = %d, y = %d\n", a, b);
    t = a; a = b; b = t;
    printf("(3)  x = %d, y = %d\n", a, b);
}
```

运行结果如下：

(1) x = 6, y = 8
(2) x = 6, y = 8
(3) x = 8, y = 6
(4) x = 6, y = 8

分析：由程序运行结果可以看到，x 和 y 的值已传递给函数 swap( )中的对应形参 a 和 b，在函数 swap( )中 a 和 b 也确实进行了交换。但由于 C 语言中，数据只能从实参单向传递给形参，形参数据的变化并不影响对应实参，因此在本程序中，不能通过调用函数 swap( )使主函数中 x 和 y 的值进行交换。如何通过调用函数 swap( )来交换主函数中的两个数据将在项目七中介绍。

【任务实现】

分析：

(1) 设置子函数功能。

① 接收主函数传来的实参值。

② 对数据根据以前章节所学判断素数方法进行判断，如果是素数则返回 1，否则返回 0。

(2) 主函数功能。

① 输入 a。

② 调用函数 sushu( ),通过传递参数将判断数据传给子函数。
③ 通过子函数返回值,输出是否为素数。

程序如下:

```
#include "stdio.h"
#include "math.h"
int sushu( int);
void main( )
{
    int x;
    printf("输入一个整数:");
    scanf("%d", &x);
    if( sushu( x) )
        printf("%d 是素数", x);      /* 当函数返回1时,输出"是素数" */
    else printf("%d 不是素数", x);
}

int sushu( int a)
{
    int i;
    for( i = 2; i <= sqrt( ( double) a) ; i ++ )
        if( a%i == 0)
            return 0;                /* a 能被某个数整除,则不是素数,返回0 */
    return 1;
}
```

运行结果如下:

输入一个整数:8 ↙
8 不是素数

【知识拓展】

1. 求和

以下程序的功能是计算 $s = \sum_{k=0}^{n} k!$,请填空。

程序如下:

```
#include "stdio.h"
int long f( int n)
{
    int i; long s;
    s = 1;                              /*乘积的初值从 1 开始*/
    for( i = 1; i <= n; i ++ )
        _____          /* 求 n! */      return s;
}

void main( )
{
    long s; int k, n;
    scanf("%d", &n);
    s = -1;
    for( k = 0; k <= n; k ++ )
        _____          /*累积求阶乘的积*/
    printf("%ld\n", s);
}
```

其中:函数 main( )中,"s = -1;"是由于函数 long( )返回值为 s,而 s 初值为 1,当 n 为 0 时也返回 1,为确保程序的正确性,s 初值从 -1 开始。

2. 使用函数编写程序

使用函数编写程序以实现计算器的功能。

程序如下:

```
#include < stdio. h >
#include < stdlib. h >
void main( )
{
    float addi( );     /* 声明 addi( ) 函数*/
    float subt( );
    float mult( );
    float divi( );
    char opere;   /* 定义字符变量 opere,存储运算符*/
    while(1)
    {
        printf("简 单 计 算 器 菜 单 功 能 \n");
        printf(" +------加法运算------\n");
```

```c
            printf("- ------减法运算------\n");
            printf("* ------乘法运算------\n");
            printf("/ ------除法运算------\n");
            printf("# ------退    出------\n");
            printf("请选择菜单功能( + - * / ): ");
            scanf("%c", &opere);
            switch( opere)
            {
                case '+': printf("两数之和是:%.2f", addi()); getch(); break;
                case '-': printf("两数之差是:%.2f", subt()); getch(); break;
                case '*': printf("两数之积是:%.2f", mult()); getch(); break;
                case '/': printf("两数整除的商是:%.2f", divi()); getch(); break;
                case '#': exit(0);      /* 退出循环 */
            }
        }
    }

float addi()    /* 自定义函数 addi(), 返回两数之和的结果 */
{
    float num1, num2, result;
    printf("请输入两个数(用空格分隔): ");
    scanf("%f%f", &num1, &num2);
    result = num1 + num2;
    return result;
}

float subt()    /* 自定义函数 subt(), 返回两数之差的结果 */
{
    float num1, num2, result;
    printf("请输入两个数(用空格分隔): ");
    scanf("%f%f", &num1, &num2);
    result = num1 - num2;
    return result;
}

float mult()    /* 自定义函数 mult(), 返回两数之积的结果 */
{
```

```
    float num1, num2, result;
    printf("请输入两个数(用空格分隔):");
    scanf("%f%f", &num1, &num2);
    result = num1 * num2;
    return result;
}

float divi()    /*自定义函数 divi(),返回两数整除的结果*/
{
    float num1, num2, result;
    printf("请输入两个数(用空格分隔):");
    scanf("%f%f", &num1, &num2);
    result = num1/num2;
    return result;
}
```

任务4　使用嵌套调用函数

【任务目标】

知识目标:理解嵌套调用函数的含义,能正确分析嵌套调用过程。

技能目标:正确使用嵌套调用函数来解决实际问题。

品德品格:学会将复杂问题模块化后再处理,在实际工作中能与同事、同学进行良好的沟通,开拓创新。

【任务描述】

利用嵌套调用函数的方法,求4个数中最大的数。

【预备知识】

C语言中函数的定义是独立的,即在一个函数内不允许定义另一个函数。但在调用函数时,可以在一个函数中调用另一个函数,这就是函数的嵌套调用。

【任务实现】

分析:程序中涉及3个函数,分别为函数 main( )、函数 max4( )和函数 max2( )。

(1) 函数 main( )功能:负责输入4个数,调用函数 max4( ),最后输出最大数。

（2）函数 max4( )功能:负责接收 4 个数,分别 3 次调用函数 max2( ),求出最大数,返回到调用函数。

（3）函数 max2( )功能:负责求出两个数中的最大数并返回主调函数。

程序如下:

```c
#include "stdio.h"
int max2( int a, int b)
{
    if( a > b)
        return a;
    else
        return b;
}

int max4( int a, int b, int c, int d)
{
    int t;
    t = max2( a, b) ;
    t = max2( t, c) ;
    t = max2( t, d) ;
    return t;
}
void main( )
{
    int a, b, c, d, max;
    printf( "请输入 4 个整数,用逗号分隔") ;
    scanf( "%d, %d, %d, %d", &a, &b, &c, &d) ;
    max = max4( a, b, c, d) ;
    printf( "max = %d", max) ;
}
```

运行结果如下:

请输入 4 个整数,用逗号分隔:1,4,-9,45
max =45

分析:在任务实现中,函数 main( )中调用了函数 max4( ),函数 max4( )中又调用了函数 max2( )。为了帮助大家更好地理解执行过程,我们通过一张图来描述,如图 5-4-1 所示。

图 5-4-1 展示了程序中含有三层函数调用嵌套的情形,总共分为 9 个步骤,具体

如下:

① 执行 main( )函数的开头部分。

② 遇到函数调用语句,调用 max4( )函数,流程转向 max4( )函数入口。

③ 执行 max4( )函数的开头部分。

④ 遇到函数调用语句,调用 max2( )函数,流程转向 max2( )函数入口。

⑤ 执行 max2( )函数,如果再无其他嵌套的函数,则完成 max2( )函数的全部操作。

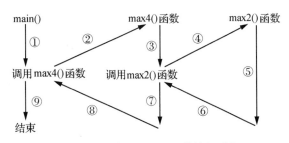

图 5-4-1 任务实现 5-4-1 的执行过程

⑥ 返回到 max4( )函数中调用 max2( )函数的位置。

⑦ 继续执行 max4( )函数中尚未执行的部分,直到 max4( )函数结束。

⑧ 返回 main( )函数中调用 max4( )函数的位置。

⑨ 继续执行 main( )函数的剩余部分,直至结束。

试一试:利用函数嵌套调用的方法,求 $1^2+2^2+3^2+\cdots+n^2$ 的值。

任务5　　递归调用函数

【任务目标】

知识目标:理解函数递归的含义,能正确分析递归调用过程。

技能目标:能正确地使用函数的递归调用来解决实际问题。

品德品格:递归调用如自我革命,递归过程中不断地自我革新,取精华、去糟粕。

【任务描述】

利用递归调用的方法求 n!。

【预备知识】

函数直接或间接调用函数本身叫作函数的递归调用,执行递归调用的函数称为递归函数。执行递归函数将反复调用其自身,每调用一次就进入新的一层,当最内层的函数执行完毕后,再一层一层地由里到外退出。

一、递归调用分类

1. 直接递归调用

在函数中直接调用函数本身,如图 5-5-1 所示。在下面的函数 f( )函数体中又调用了其本身 z = f(y),如图 5-5-2 所示。

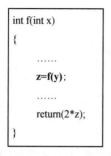
图 5-5-1　直接递归调用举例

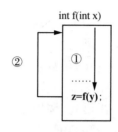
图 5-5-2　直接递归调用过程

2．间接递归调用

在函数中调用其他函数,其他函数又调用原函数,如图 5-5-3 所示。

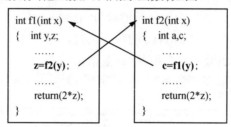

图 5-5-3　间接递归调用举例

函数 f1( ) 调用了 f2( ) 函数,而 f2( ) 函数又调用了 f1( ) 函数。

二、递归调用两要素

1．问题分解

问题分解即将问题分解为相同性质且规模更小的问题。

2．递归结束条件

递归结束条件即必须给出递归的结束条件,否则递归会无限循环下去。

递归算法的缺陷是巨大的内存和时间开销。

分析:递归有两个阶段,第一阶段是"回推",欲求 n!,回推(n-1)!,再回推(n-2)!……当回推到 1! 或 0! 时,此时能够得到 1! =1 或 0! =1,就不用再回推了;然后进入第二阶段"递推",由 1! 开始,求 2!、3! …、n!。

$$n! = \begin{cases} 1, & n=0 || n=1 \\ n*(n-1)!, & n>1 \end{cases}$$

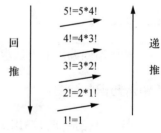

图 5-5-4　递归分析

以 5! 为例,回推和递推过程如图 5-5-4 所示。

【任务实现】

分析:程序中涉及 2 个函数,分别为函数 main( )、函数 fac( )。

(1) 函数 main( ):负责输入 1 个数,调用函数 fac( ),最后输出结果。

(2) 函数 fac( ):通过递归公式和递归终值,求出 n!,并返回结果。

函数执行过程如图 5-5-5 所示,程序如下:

```c
#include "stdio.h"
long fac( int n)
{
    long f;
    if( n < 0 )
        printf("数据有误!");
    else if( n == 0 || n == 1 )
        f = 1;
    else
        f = fac( n-1 ) * n;
        return f;
}

void main( )
{
    int n;
    long int y;
    printf("请输入数据 n 值:");
    scanf("%d", &n);
    y = fac( n );
    printf("%d!= %ld", n, y);
}
```

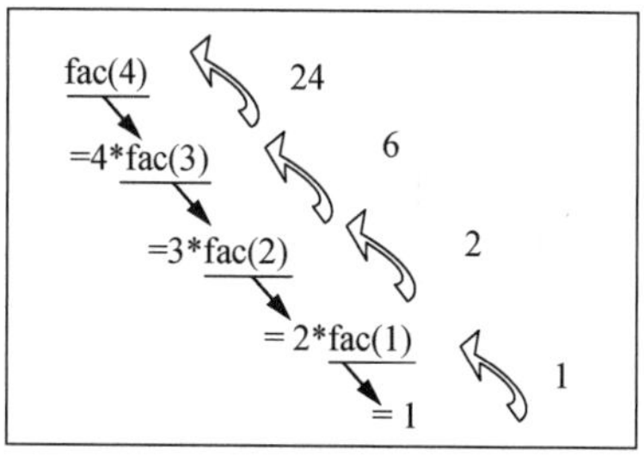

图 5-5-5　针对该任务的函数执行过程

运行结果如下:

请输入数据 n 值:4↙
4!= 24

说明:当函数自己调用自己时,系统将自动地把函数中当前的变量和形参暂时保留起来,在新一轮的调用过程中,系统将为该次调用的函数所用到的变量和形参另外开辟存储单元。因此递归调用的层次越多,同名变量所占用的存储单元就越多。当本次调用的函数运行结束时,系统将释放本次调用时所占用的存储单元,程序的执行流程返回到上一层的调用点,同时取用当初进入该层时函数中的变量和形参占用的存储单元中的数据。

试一试:用递归调用的方法求 x^n。

【任务拓展】

分析下列程序,写出运行结果:

```
#include "stdio.h"
long fib(int n)
{
    if(n>2) return (fib(n-1)+fib(n-2));
    else return(2);
}

void main()
{
    printf("%d\n",fib(6));
}
```

任务6　认识变量的作用域

【任务目标】

知识目标:理解函数变量作用域的含义。

技能目标:正确使用局部变量和全局变量,并能正确分析程序。

品德品格:做事做人要有边界感,凡事要有度。

【任务描述】

分析程序,给出运行结果。

程序如下:

```
#include "stdio.h"
void add(int);
void main()
{
    int num=5;
    add(num);
    printf("num=%d\n",num);
}

void add(int num)
{
```

```
        num ++;
        printf("num = %d\n", num);
}
```

【预备知识】

在 C 语言中,标识符必须先定义后使用,但定义语句应该放在什么位置? 在程序中,一个定义了的标识符是否随处可用? 这些问题牵涉到标识符的作用域。

C 语言中,由用户命名的标识符都有一个有效的作用域。所谓标识符的作用域,就是指程序中的某一部分,在这一部分中,该标识符是有定义的,可以被编译和连接程序所识别。例如,我们知道每个变量有自己的作用域,在函数 sub() 内定义的变量,不能在其他函数中引用。变量的作用域与其定义语句在程序中出现的部位有直接的关系。从变量的作用域角度,可将变量分为局部变量和全局变量。

1. 局部变量及其作用域

一般来说,在一个函数内部或复合语句内部定义的变量是局部变量。局部变量的作用域是其所定义的函数或复合语句内。前面程序中所定义的变量都是局部变量。函数的形参是局部变量,它们的作用范围仅限于函数内部所用的语句块。main() 也是一个函数,在函数 main() 内部定义的变量也是局部变量,只能在函数 main() 内部使用。

2. 全局变量及其作用域

在函数体外定义的变量是全局变量。它的作用域是从定义行开始到整个程序的结束行,也就是所有的代码文件,包括源文件(.c 文件)和头文件(.h 文件)。

在一个函数内部修改全局变量的值会影响其他函数,全局变量的值在函数内部被修改后并不会自动恢复,它会一直保留该值,直至下次被修改。这就增加了函数之间的联系,从而降低了函数的通用性、可靠性和可移植性。因此,在设计程序时,除非必要,尽量不使用全局变量。

C 语言规定,在同一个作用域中不能出现两个名字相同的变量,否则会产生命名冲突;但是在不同的作用域中,允许出现名字相同的变量,它们的作用范围不同,彼此之间不会产生冲突。

从这个规定可以看出:不同函数内部的同名变量是两个完全独立的变量,它们之间没有任何关联,也不会相互影响;函数内部的局部变量和函数外部的全局变量同名时,在当前函数这个局部作用域中,全局变量会被"屏蔽",不再起作用。也就是说,在函数内部使用的是局部变量,而不是全局变量。

变量的使用遵循就近原则,如果在当前的局部作用域中找到了同名变量,就不会再去更大的全局作用域中查找。另外,只能从小的作用域向大的作用域中去寻找变量,而不能反过来,使用更小的作用域中的变量。

图 5-6-1 展示了局部变量和全局变量的作用域。

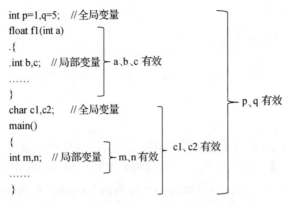

图 5-6-1 局部变量和全局变量的作用域

例 5-6-1 分析程序,给出运行结果。

```
#include "stdio.h"
void add();
int num;
void main()
{
    num = 5;
    add();
    printf("num = %d\n", num);      /*输出 6*/
}

void add()                          /*形参没有指定类型*/
{
    num ++;
    printf("num = %d\n", num);      /*输出 6*/
}
```

运行结果如下:

```
num = 6
num = 6
```

分析:此程序中的函数 main()和函数 add()里面并没有定义 num,但是在最后输出的时候却要求输出 num,这是由于在程序的开始定义了 num 是全局变量,也就是在所有函数里都可以使用这个变量。这时候一个函数里改变了变量的值,其他函数里的值也会出现影响。上面的例子输出都是 6,因为在 add()函数里改变了 num 的值,由于 num 是全局变量,所以在 main()函数里的 num 也随之改变了。

【任务实现】

任务里的两个 num 变量都是在函数内部定义的,所以都是局部变量,只在本身函数里可见。前面我们说了,在两个函数中出现同名的变量时不会互相干扰,就是这个道理。所以上面的两个输出,在主函数里仍然是 5,在函数 add( )里输出是 6。

运行结果如下:

```
num = 6
num = 5
```

试一试:分析下列程序,给出运行结果。

```
#include <stdio.h>
int a = 3, b = 5;
int max( int a, int b)
{
    int c;
    c = a > b?a: b;
    return c;
}

void main( )
{
    int a = 8;
    printf("最大值为:%d\n", max( a, b) );
}
```

【知识拓展】

1. 阅读程序

以下程序的输出结果是_____。

程序如下:

```
#include "stdio.h"
void main( )
{
    int a = 3, b = 2, c = 1;
    c- = ++b;      /* c = 2 b = 3 */
    b * = a + c;   /* b = 3 */
    {
```

```
            int b = 5, c = 12;        /* 内部变量,与外部 bc 无关 */
            c/ = b * 2;               /* c = 1 */
            a- = c;                   /* a = 2,外部变量 */
            printf("%d,%d,%d\n",a,b,c);
            a + = ---c;               /* 相当于 a + = -(--c) */
        }
        printf("%d,%d,%d\n",a,b,c);
    }
```

参考答案:

2,5,1
2,3,-2

2. 学习变量的生存期

经过赋值的变量是否在程序运行期间总能保存其值? 变量什么时候分配内存单元,什么时候释放内存单元,这些都是值得研究的问题,这些内容涉及变量的生存期的概念。

(1) 生存期的定义。

变量的生存期是指变量值的存在时间。

一个 C 语言程序在运行时所用的存储空间通常可分为三部分:

① 程序区:主要用于存储执行程序的代码和静态变量。

② 静态存储区:存放程序的全局变量。

③ 动态存储区:用来存放的数据有局部变量和函数的形参,在调用函数时给形参分配空间,用来存放主调函数传递的实参值;用于函数调用时的现场保护及返回地址等。

(2) 分类。

从变量的作用域角度,变量可分为局部变量和全局变量;但从变量的生存期角度可把变量分为静态存储变量和动态存储变量。

① 静态存储变量是指在定义变量时就分配好存储空间并一直保持不变,直至整个程序结束。全局变量即属于静态存储变量。

② 动态存储变量是指在程序执行过程中,使用它时才分配存储单元,使用完立即释放存储单元。函数的形参就是典型的动态存储变量。在函数定义时并不给函数的形参分配内存单元,只是在被调用时才予以分配,调用函数完毕后立即释放。如果一个函数被多次调用,则会反复地重复分配、释放形参变量的操作。

由此看出,静态存储变量是一直存在的,而动态存储变量是在进入这些局部变量所在的函数体(或复合语句)时生成,退出所在的函数体(或复合语句)时消失(变为无定义)。这就是动态局部变量的生存期。

3. 变量的存储类型

C 语言中,变量有两种存储类别:一种是动态类,一种是静态类。

所谓静态存储方式是指程序运行期间分配固定的存储空间,只有程序结束,其内存空间才释放;而动态存储方式则是在程序运行期间根据需要而动态分配的空间,使用完毕空间就被立刻释放。

C语言变量的作用域实质是由其存储类型决定的,因为存储类型决定了该变量分配的存储区域的类型,存储区域的类型又决定了它的作用域(即可见性)和生存期。

为了表示变量的存储类别、作用域和生存期这三种属性,C语言中有四个与两种存储类别有关的说明符,它们分别是 auto(自动)、register(寄存器)、static(静态)和 extern(外部)。这些说明符通常与类型名一起出现,它们可以放在类型名的左边或右边。例如:

> auto int i, a;

也可以写成

> int auto i, a;

四种说明符的性质如表 5-6-1 所示。

表 5-6-1　变量的四种存储类别说明符

存储说明符	register	auto	static	extern
存储类型	动态存储		静态存储	
存储位置	寄存器	内存		
作用域	局部	局部	局部或全局	全局

下面分别介绍这四种说明符。

(1) 自动变量(auto)。

当在函数内部或复合语句内定义变量时,如果没有指定存储类别或使用了 auto 说明符,系统就认为所定义的变量具有自动类别。自动变量定义格式:

> auto 类型标识符 变量名表;

关键字 auto 可以缺省。auto 不写,则表示定义为自动存储类别,属于动态存储方式,程序中大多数变量都属于自动变量。例如:"auto int a,b,c;"与"int a,b,c;"是等价的。

对自动变量有以下几点说明:

① auto 类型在动态区分配存储空间。局部变量和函数形参都是自动存储类别。变量的生存期随着复合语句或函数调用的结束,空间即被自动释放,变量的值消失。当再次进入函数体(或复合语句)时,系统将为它们另行分配存储单元。因此变量的值不可能被保留,由于随着函数的频繁调用,动态存储区内为某个变量分配的存储单元位置随程序的运行而改变,变量中的初值也就随之而变,所以未赋初值的自动变量其值不定,称为"无定义"。

② 自动变量赋初值是在程序运行过程中进行的,每进入一次函数体(或复合语句),就赋一次指定的初值。使用这类局部变量的最突出优点是:可在各函数之间造成信息隔离,不同函数中使用了同名变量也不会相互影响,从而可避免因不慎赋值所导致的错误,影响到其他函数。

(2) 寄存器变量(register)。

寄存器变量也是动态变量。寄存器变量是与硬件相关的变量。硬件在对数据操作时,通常都是先把数据取到寄存器(或一部分取到寄存器)中,然后进行操作。它与 auto 变量的区别在于:用 register 说明变量是建议编译程序将变量的值保留在 CPU 的寄存器中,而不是像一般变量那样,占内存单元。当对一个变量频繁读写时,必须反复访问内存储器,从而占用大量的运行时间,这时可采用 register,程序运行时,访问在寄存器内的数据比访问在内存中的数据快很多。因此,当程序对运行速度有较高要求时,如在循环次数特大的循环中,可把循环变量定义为寄存器变量,有助于提高程序的执行效率。

定义寄存器变量的格式为

register 数据类型标识符 变量名表;

例如:

register i, j;

寄存器变量和 auto 型变量都是在函数执行时才进行分配空间的,因此,它们都是动态分配的。另外,一般数据类型为 long、float 和 double 型的变量不能定义为寄存器变量,因为这些数据类型的长度超过了寄存器本身的长度。

(3) 外部变量(extern)。

外部变量是在静态区分配空间,变量的值只有在程序结束后才消失。全局变量都是外部变量。外部变量的声明是在定义变量前加上关键字 extern。

说明:

① 在同一编译单位内用 extern 说明符来扩展全局变量的作用域。

当全局变量定义在后,引用它的函数在前时,应该在引用它的函数中用 extern 对此全局变量进行说明,以便通知编译程序:该变量是一个已在外部定义了的全局变量,已分配了存储单元,不需要再为它另外开辟存储单元。这时其作用域从 extern 说明处起,延伸到该函数末尾。

注意:全局变量的说明与全局变量的定义是不同的。变量的定义(开辟存储单元)只能出现一次,在定义全局变量时,不可使用 extern 说明符;而对全局变量的说明,则可以多次出现在需要的地方,这时必须使用 extern 说明符。

② 在不同编译单位内用 extern 说明符来扩展全局变量的作用域。

一个 C 语言程序总是由许多函数组成的,这些函数可以分别存放在不同的源文件中,每个源文件可以单独进行编译,进行语法检查,若无错误,即生成目标文件(.obj),然后可用系统提供的连接程序把多个目标文件连接成一个可执行程序(.exe 文件),此程序就可执行。通常,人们把每个可单独进行编译的源文件称为"编译单位"。

当一个程序由多个编译单位组成,并且在每个文件中均需要引用同一个全局变量,这时若在每个文件中都定义了一个所需的同名全局变量,则在连接时将会产生"重复定义"错误。在这种情况下,单独编译每个文件时并无异常,编译程序将按定义分别为它们开辟存储空间,而当进行连接时,就会显示出错信息,指出同一个变量名进行了重复定义。解决的办法通常是在其中一个文件中定义所有全局变量,而在其他用到这些全局变量的文件中用 extern 对这些变量进行说明,声明这些变量已在其他编译单位中定义,通知编译程序不必再为它们开辟存储单元。

例 5-6-2 全局变量应用示例。

```
/* file1.c */
int x,y;        /*定义全局变量*/
main()
{……
    fun1();
    fun2();
    fun3();
    ……}
fun1()
{   x = 3;
    ……}
```

```
/*file2.c*/
extern int x;   /*说明全局变量*/
fun2()
{
    printf("%d\n", x);  /*输出3*/
    ……
}
fun3()
{   x++;
    printf(("%d\n", x);  /*输出4*/
    ……}
```

以上例子中,在不同的编译单位内引用了全局变量 x,即在文件 file2.c 中使用了文件 file1.c 中定义的全局变量。由于在 file2.c 中,说明语句"extern int x;"放在了文件开始,所以变量 x 的作用域包含了 file2.c 整个文件。若将这一说明改放在函数 fun2()内,变量 x 的作用域只从说明的位置起延伸到函数 fun2()的末尾。在函数 fun3()中将不能引用全局变量 x。

(4) 静态变量(static)。

静态变量是指程序在编译时在静态区为其分配相应存储空间的变量,所分配的空间在整个程序运行中是有效的。

声明静态变量的格式:

static 数据类型标识符 变量名表;

静态变量分局部静态变量和全局(外部)静态变量两种。

① 局部静态变量。

局部静态变量和局部动态变量一样也是在函数体内定义的,作用域也是在所定义的函数或复合语句内,但它的生存期是程序的整个执行过程,而不是函数的每次调用。也就是说,一个局部静态变量的值在函数的一次调用结束后并不消失,它在下次调用时还可以继续使用上次结束时保留的值。所以,局部静态变量具有局部的可见性和全局的生存期。

例 5-6-3 局部静态变量的作用域示例。试分析下面程序的运行结果。

```
#include "stdio.h"
int main()
{
    int i;
    int fun();      /*函数的引用声明*/
    for(i = 1; i <= 3; i++)
        fun();
```

```
}
int fun()
{
    static int k = 5;
    k ++;
    printf("%d\t", k);
}
```

运行结果如下:

6   7   8

分析:程序由函数 main()开始执行,当 i = 1 时,调用函数 fun(),k 在函数内被 static 说明为局部静态变量,初值为 5,执行 k ++,k = 6 并输出;当 i = 2 时,再调用函数 fun(),由于是局部静态变量,在内存的静态存储区中占据着永久性的存储单元,即使上次调用函数退出后,本次再进入函数时,局部静态变量仍使用原来的存储单元,即使用存储单元中原来的值 6,再执行 k ++ 后,k = 7;以此类推,当 i = 3 时再调用函数 fun(),k = 8。

说明:静态局部变量的初值是在编译时赋予的,在程序执行期间不再赋予初值。对未赋初值的静态局部变量,编译程序自动给它赋初值 0,见例 5-6-3。

例 5-6-4 未赋初值的静态局部变量应用示例。

```
#include "stdio.h"
void fun()
{
    static int a;        /* 因为使用 static 说明,a 虽然未赋值,但 a = 0 */
    a = a + 1;
    printf("%d\t", a);
}

void main()
{
    int b;
    for(b = 1; b <= 4; b ++)
        fun();
}
```

运行结果如下:

1   2   3   4

② 全局(外部)静态变量。

在全局变量(外部变量)的说明之前加上 static,就构成了全局静态变量(也可称之为静态全局变量),它是静态存储方式。全局变量本身就是静态存储方式,它与全局静态变量的区别在于:非静态全局变量的作用域是整个源程序,如果一个源程序由多个源文件组成,那么非静态的全局变量在各个源文件中都是有效的;而静态的全局变量则限制了其作用域,它只在定义该变量的源文件内有效,在同一源程序的其他源文件中不能使用。

例 5-6-5 全局(外部)静态变量应用示例。

```
/* file1.c */
static int n;
void func( );
void main( )
{
    n = 5;
    printf("file1: %d\n", n);
    fun1( );
}
```

```
/* file2.c */
extern int n;
void func( )
{
    printf("file2: %d\n", n);
    ……;
}
```

文件 file1.c 中定义了静态全局变量 n,在文件 file2.c 中用 extern 说明 n 是全局变量,试图引用它。分别编译两个文件时一切正常;当把这两个文件连接在一起时将产生出错信息,指出在文件 file2.c 中,符号 n 无定义。也就是说,在文件 file1.c 中,变量 n 虽然被定义成全局变量,但用 static 说明后,其他文件中的函数就不能再引用它,而文件 file2.c 在编译时由于用 extern 说明了变量 n,编译时并未为 n 开辟存储单元,所以在连接时就找不到 n 的存储单元了。由此可见,static 说明限制了全局变量作用域的扩展,达到了信息隐蔽的目的(可与例 5-6-1 对比)。这对于编写一个具有众多编译单位的大型程序是十分有益的,程序员不必担心因全局变量重名而引起混乱。

项目小结

通过本项目的学习,学生应掌握以下内容:

(1) 学习使用模块化程序设计理念,利用函数解决实际问题。

(2) 函数一般包含以下内容:函数的类型、函数名、函数形参及函数内部的变量定义和执行部分。

(3) 函数调用时,形参和实参的个数要保持一致,对应位置上的参数类型要一一对应。

(4) 函数参数传递的方式有按值传递和按地址传递两种。按值传递数据时,形参的改变不影响实参的值;但按地址传递时,形参的改变会影响实参的值,一定要注意两者的不同。

(5) 函数的声明与定义是不同的。与变量的使用相同,都要先定义后使用,当调用函数在前,函数定义在后且被调函数返回值不是 int 型时,必须对被调函数进行声明。

(6) 按变量的作用范围分类,变量可分为局部变量和全局变量;按变量的生存期分类,变量分为静态存储变量和动态存储变量。

(7) 函数可以嵌套调用和递归调用。

拓展阅读

　　王选(1937年2月5日—2006年2月13日),计算机文字信息处理专家,计算机汉字激光照排技术创始人,国家最高科学技术奖获得者,中国科学院学部委员、中国工程院院士,当代中国印刷业革命的先行者,被称为"汉字激光照排系统之父"。

　　早在北宋庆历年间,我国就发明了活字印刷术,这一发明比德国早了近400年。可是直到20世纪70年代,当日本、美国都已经应用激光照排技术时,而我国使用的依然是活字印刷术。北京大学的一位教授带领团队奋斗了3 000多个日日夜夜,走完了西方几十年的技术改造道路,终于用激光照排机成功印刷出了一张排版布局复杂的八开报纸样纸,至此,我国印刷业实现了中国印刷术的二次革命,由活字时代迈入激光照排时代。这位北大教授也由于这项技术的研发,获得了"当代毕昇"的称号,他就是王选。

　　王选于1975年以前,从事计算机逻辑设计、体系结构和高级语言编译系统等方面的研究。1975年开始主持华光和方正型计算机激光汉字编排系统的研制,用于书刊、报纸等正式出版物的编排。针对汉字字数多、印刷用汉字字体多、精密照排要求分辨率高所带来的技术困难,发明了高分辨率字型的高倍率信息压缩和高速复原方法,并在华光Ⅳ型和方正91型、93型上设计了专用超大规模集成电路实现复原算法,改善系统的性能价格比。领导研制的华光和方正系统在中国报社和出版社、印刷厂逐渐普及,为新闻出版全过程的计算机化奠定了基础。

课后习题

一、单选题

1. 下列说法正确的是( )。

A. 调用函数时,实参与形参可以共用内存单元

B. 调用函数时,实参的个数、类型和顺序与形参可以不一致

C. 调用函数时,形参可以是表达式

D. 调用函数时,为形参分配内存单元

2. C语言中函数的返回值的类型是由( )决定的。

A. 调用函数时临时

B. return语句中的表达式类型

C. 调用该函数的主调函数类型

D. 定义函数时所指定的返回函数值类型

3. C语言规定,简单变量作实参时,它和对应形参之间的数据传递方式是(　　)。
   A. 地址传递　　　　　　　　　　B. 单向值传递
   C. 实参和形参互相传递　　　　　D. 由用户指定传递方式
4. 下列关于函数的调用方式的说法正确的是(　　)。
   A. 可以将函数作为表达式调用　　B. 可以将函数作为语句调用
   C. 可以将函数作为实参调用　　　D. 以上选项都正确
5. 在 C 语言中,函数的隐含存储类别是(　　)。
   A. auto　　　　B. static　　　　C. extern　　　　D. 无存储类别

二、填空题

1. 根据函数的参数列表是否为空,可以将函数分为_____函数和无参函数。
2. 函数内部调用自身的过程称为函数的_____调用。
3. C 语言中的变量,按作用域范围不同可分为_____变量和全局变量。

三、阅读程序,写出运行结果

1. 下面程序的输出结果是_____。

```
fun3( int x)
{
    static int a = 3;
    a + = x;
    return( a);
}

#include "stdio. h"
void main( )
{
    int k = 2, m = 1, n;
    n = fun3( k);
    n = fun3( m);
    printf("%d\ n", n);
}
```

2. 下面程序的输出结果是_____。

```
long fib( int n)
{
    if( n > 2)  return( fib( n-1) + fib( n-2) );
    else return( 2);
}

#include "stdio.h"
void main( )
{   printf( "%ld\n", fib(3) );  }
```

3. 下面程序的输出结果是_____。

```
void f( int v, int w)
{
    int t;
    t = v; v = w; w = t;
}

void main( )
{
    int x = 1, y = 3, z = 2;
    if( x > y)  f( x, y);
    else if( y > z)  f( y, z);
    else f( x, z);
    printf( "%d,%d,%d\n", x, y, z);
}
```

程序执行后变量 w 的值是_____。

四、编程题

1. 编写一个函数,计算并返回三角形的面积值,将三角形的三个边长作为函数的参数。

2. 编写一个函数,将输入的一个字符串逆序存放,在主函数中输入和输出字符串。

3. 编写两个函数,分别求出两个整数的最大公约数和最小公倍数。要求由键盘输入两个数,用主函数调用这两个函数,并输出结果。

4. 编写一个函数,求出 $1^2 + 2^2 + 3^2 + \cdots + n^2$。要求主函数输入 n 的值,并输出求和结果。

5. 编一个能递归调用的函数,按照下列公式计算

$$f(n) = \begin{cases} 1, & n=1, \\ 2, & n=2, \\ f(n\text{-}1) \times f(n\text{-}2), & n>2 \end{cases}$$

的值,n 作为函数的参数。

项目六 使用数组

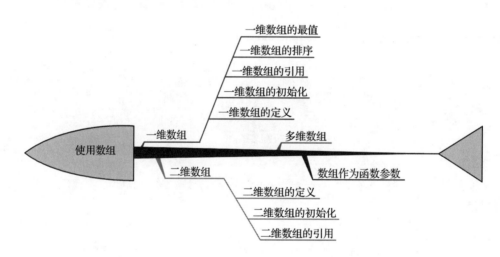

任务1 使用一维数组存储和处理多个数据

【任务目标】

知识目标:掌握一维数组的定义和初始化方法、一维数组元素的使用方式、一维数组常用的操作方法。

技能目标:能够正确使用一维数组解决问题。

品德品格:能从数组下标越界的危害中感悟"做事要有原则、做人要有底线"的道理,形成细心、周密、诚信的服务意识。

【任务描述】

小明想编写程序,记录自己本学期5门课程的成绩,要求成绩按升序排序,并计算总成绩及平均成绩。他发现如果定义变量存放这些成绩,则进行运算时十分不方便,而且课程数量变化时,修改程序很麻烦,还容易出错。所以他想知道是否有方法能方便快捷地解决这个问题。

任务:记录一名学生一学期所学课程的成绩并排序,计算总成绩和平均成绩。

【预备知识】

一、数组概述

在程序开发过程中,经常需要对一批相同类型的数据进行操作。例如,当我们要记录一个班42个同学C语言这门课的成绩时,如果使用变量来存放这些数据,就需要定义42个变量,显然这样做很麻烦,而且很容易出错,在程序设计中通常使用数组来处理这类问题。

数组是在程序设计中,把具有相同类型的若干变量按有序的形式分配在一段连续的内存中,这些变量的集合称为数组,集合的名字称为数组名。

数组中的变量称为数组元素;数组中元素的个数称为数组长度;数组中元素在内存中所处位置的数字编号称为元素的下标或索引,C语言规定,数组的下标或索引从0开始到数组长度-1;每个元素可用数组名和下标表示。如上面的例子,可以定义存放42个同学成绩的数组,则数组中有42个元素,可通过下标来对这42个元素分别进行访问。

数组是C语言常用的一种数据类型,是内存的一种使用方式。数组名是集合名,不是变量,不能直接存取数据;数组元素是变量,可以存取数据。例如,让"××班级"学习C语言程序设计,这个班级名是不能学习的,真正学习的是班级中的每个同学。

根据数组的定义和引用方式,数组可分为一维数组、二维数组及多维数组。

二、一维数组的定义与存储方式

一维数组是一组线性数据的集合,数组元素就像线上的一个点。

1. 一维数组的定义

使用数组与使用变量一样,要先定义后使用。

一维数组的定义方式如下:

> 类型标识符 数组名 [常量表达式];

类型标识符:说明了数组元素的数据类型,可以是任意一种基本类型或构造类型。

数组名:是用户定义的标识符,遵循标识符的命名规则。

常量表达式:指定数组的长度,必须是大于0的整型常量或符号常量,不能是变量。

[ ]:C语言数组运算符,定义时表示数组,使用数组元素时表示元素下标。

例如：

```
int a[10];      // 定义长度为 10 的一维整型数组, 元素为 a[0] ~ a[9]
char c[20];     // 定义长度为 20 的一维字符型数组, 元素为 c[0] ~ c[19]
```

2. 一维数组在内存中的存储方式

定义一维数组后，程序运行时编译器就会为数组分配内存空间，一维数组是按元素数据类型占用的内存空间为单位，依次为每个数组元素分配内存空间，并且所有元素的内存空间都是相邻的。可以使用"数组名[下标]"的方式来确定是哪个数组元素，下标是数组元素的位置编号，从 0 开始。

例如，代码"int a[5];"定义了一个有 5 个整型元素的一维数组，则数组 a 的各元素在内存中的分配如图 6-1-1 所示。

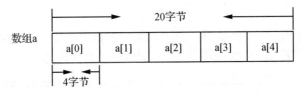

图 6-1-1　数组 a 的各元素在内存中的分配

三、一维数组的使用

定义数组就是为了使用数组，使用数组与使用变量一样，要先定义，赋初值，再使用。数组是通过数组元素进行数据存取的，所以为数组赋值指的就是为数组元素赋值。数组元素就是变量，可以直接赋值，也可以在定义时初始化赋值。

1. 初始化一维数组

数组是集合，需要用数据集合对数组初始化，C 语言用"{ }"括起的数据（数据之间用","分隔）来表示数据集合。

一维数组初始化一般格式如下：

```
类型标识符 数组名[常量表达式] = {值 1, 值 2, …, 值 n};
```

一维数组初始化一般有以下几种形式：

（1）完全初始化。

使用数据数量与数组长度相同的数据集合初始化数组，初始化后数组元素的值为数据集合中相对应位置的数据。

例如，有如下定义语句：

```
int a[5] = {1, 2, 3, 4, 5};
```

则数组 a 中各元素的值如图 6-1-2 所示。

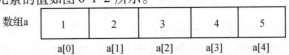

图 6-1-2　完全初始化数组 a 时各元素的值

（2）部分初始化。

使用数据数量小于数组长度的数据集合初始化数组,初始化后数组元素的值为数据集合中相对应位置的数据,没有对应数据的元素值为0。

例如,有如下定义语句:

```
int a[5] = {1,2};
```

则数组 a 中各元素的值如图 6-1-3 所示。

图 6-1-3　部分初始化数组 a 时各元素的值

想一想：如何使用最少的数据初始化数组,使数组的所有元素值为 0?

（3）初始化数组时省略数组长度。

若初始化数组时省略数组长度,则数组长度为初始化数据集合中的数据数量。

例如,有如下定义语句:

```
int a[] = {1,2,3,4,5};
```

表示定义了一个有 5 个 int 类型元素的数组 a 并初始化,相当于"int a[5] = {1,2,3,4,5};"。

2．使用一维数组

定义一维数组的目的就是使用一维数组存取数据,但数组名不是变量,不能直接存取数据,任何为数组名赋值的操作都是错误的。

例如,有如下数组定义:

```
int a[10], b[10];
```

则下列对数组名的操作是错误的:

```
a = {1,2};
a = 1;
a = b;
a ++;
```

（1）访问数组元素。

可以通过访问数组元素的方式存取数据。通常使用数组名和下标组合的方式访问数组元素,一维数组元素的访问方式如下:

```
数组名[下标];
```

注意：下标必须是整型表达式,而且表达式的值是有上下限制的,数组元素下标的最大值为下标上限,最小值为下标下限,C 语言规定数组的上限为数组长度 -1,下限为 0,下标超出限制范围,程序运行时会出现下标越界错误（运行时错误）。

例如,有如下数组定义:

```
int a[10];
```

则下列访问数组元素的操作是错误的:

```
a[10] = 10;     // 下标上限越界,为没有定义过的内存赋值
a[-1] = 5;      // 下标下限越界,为没有定义过的内存赋值
a[1.5] = 2;     // 下标必须是整数
```

每个数组元素都是变量,操作数组元素与操作变量的方式相同。

例如,有如下数组定义:

```
int a[10], b[5];
```

则可以进行如下操作:

```
a[0] = 10;      // 为数组 a 的第一个元素赋值
b[1] = a[0];    // 使用数组 a 的第一个元素为数组 b 的第二个元素赋值
a[0] ++;        // a[0]元素自增 1
b[1] --;        // b[1]元素自减 1
a[2] ++;        // 错误,a[2]元素未初始化,结果不可控
```

(2) 遍历一维数组。

遍历是指按照一定的顺序逐个访问集合中的元素或执行某个操作的过程。程序设计中通常使用循环来实现遍历过程。一维数组的遍历就是按照存储顺序访问数组中的元素,通常使用一重循环来实现。

例 6-1-1 遍历一维数组 a[5],输入/输出每个数组元素。

程序如下:

```
/**********
功能:遍历一维数组,输入/输出一维数组元素值
**********/
#include "stdio.h"
// 定义一维数组长度常量
#define N 5
int main()
{
    int a[N];
    // 输入提示
    printf("请输入%d 个整数:", N);
    // 循环变量 i 为数组元素的下标,取值范围:0 ~ N-1
    for( int i = 0; i < N; i ++)
    {
        scanf("%d", &a[i]);
```

```
        }
        // 输出
        printf("数组中元素的值为\n");
        for( int i = 0; i < N; i ++ )
        {
            printf("%d\t", a[ i ] );
        }
    }
```

运行结果如下:

```
请输入 5 个整数:1    2    3    4    5↙
数组中元素的值为
1      2       3       4       5
```

试一试:输入 6 个数,将它们按照输入次序的逆序输出。

四、一维数组常用算法

日常生活中,经常需要对一组数进行统计、排序、查找等操作,利用一维数组,可以很容易编程实现这些功能。

1.统计

对一组数据经常使用的统计操作有很多,这里只介绍最常用的操作:求和与求平均值、求最大值与求最小值。

(1)求和与求平均值。

例 6-1-2 计算整型数组(以 5 个元素为例)中所有元素的和与平均值。

程序如下:

```
/**********
功能:求一维数组元素的和与平均值
*********/
#include "stdio.h"
// 定义一维数组长度常量
#define N 5
int main()
{
    int a[ N ];                         // 定义数组
    int sum = 0;                        // 存放数组元素的和
    double avg = 0;                     // 存放数组元素的平均值
    // 输入提示
    printf("请输入%d 个整数:", N);
```

```
    for(int i=0;i<N;i++)    //循环变量i为数组元素的下标,取值范围:0~N-1
    {
        scanf("%d",&a[i]);
        sum+=a[i];                  //累加求和
    }
    avg=(double)sum/N;              //求平均值,想想为什么要强制转换类型
    //输出
    printf("数组中元素的值为\n");
    for(int i=0;i<N;i++)
    {
        printf("%d\t",a[i]);        //输出每个数组元素的值
    }
    //输出和与平均值
    printf("\n");
    printf("和:%d,平均值:%.2lf",sum,avg);
}
```

运行结果如下:

```
请输入5个整数:85    68    79    94    73✓
数组中元素的值为
85        68        79        94        73
和:399,平均值:79.80
```

(2)求最大值。

例 6-1-3 遍历一维数组,找出最大值及元素位置。

程序如下:

```
/**********
功能:求一维数组元素的最大值
*********/
#include "stdio.h"
//定义一维数组长度常量
#define N 5
int main()
{
    int a[N];                   //定义数组
    int max;                    //max存放数组元素最大值的下标
    //输入提示
    printf("请输入%d个整数:",N);
```

```
for( int i = 0; i < N; i ++)// 循环变量i为数组元素的下标,取值范围:0~N-1
{
    scanf("%d", &a[i]);
}
max = 0;            // 假设最大值的数组元素是第一个元素
for( int i = 1; i < N; i ++)  // 遍历数组中除第一个元素外的其他元素
{
    if( a[ max] < a[ i])   // 假设不成立,有比a[max]值大的元素,则记录值
                           //较大的元素的下标
        max = i;
}
// 输出
printf("数组中元素的值为\n");
for( int i = 0; i < N; i ++)  // 输出每个数组元素的值
{
    printf("%d\t", a[i]);
}
printf("\n");
printf("最大值: a[ %d] = %d ", max, a[ max]);// 分别输出最大值和最小值的
                                              //元素和值
}
```

运行结果如下:

输入5个整数:48   86   90   58   56✓
数组中元素的值为
48   86   90   58   56
最大值: a[2] = 90

试一试:求一组数中最小值及其位置。

2. 排序

针对一组数据的操作,很多都是在有序数据的前提下进行的,所以数据排序是很重要的一种算法。数据排序有很多种方法,这里介绍几种简单易懂的排序方法。

(1) 选择排序。

选择排序是依次选择无序数组中值最小的元素,从前向后依次放在数组的相应位置上(升序)或从后向前依次存放(降序),从而实现数组的排序。

选择排序过程如下:

第1步,在数组中选择最小的元素,将它与下标为0的元素交换,即放在数组的第1位。

第2步,除下标为0的元素外,在剩下的待排序元素中选择最小的元素,将它与下标为1的元素交换,即放在数组的第2位。

第3步,以此类推,直至完成最后两个元素的排序交换,就完成了升序排列。

程序如下:

```c
/**********
功能:一维数组选择排序(升序)
**********/
#include "stdio.h"
// 定义一维数组长度常量
#define N 5
int main()
{
    int a[N];
    printf("请输入%d 个整数:", N);// 输入提示
    for(int i = 0; i < N; i ++)// 循环变量 i 为数组元素的下标,取值范围:0~N-1
    {
        scanf("%d", &a[i]);
    }
    printf("排序前: \n");// 输出排序前的数组
    for(int i = 0; i < N; i ++)
    {
        printf("%d\t", a[i]);
    }
    printf("\n");
    // 选择升序排序
    /*5 个数排序,需要依次找出 4 个相对最小数放到数组前 4 个位置
        循环变量 k 为相对最小数应存放的位置(数组下标) */
    for(int k = 0; k < N-1; k ++)
    {
        int index = k; // 变量 index 存放无序数组中最小值的下标,
                       // 并假设最小数的下标是 k
        // 遍历下标 k 之后的所有元素,与下标是 index 的元素比较
        for(int i = k + 1; i < N; i ++)
        {
            if(a[i] < a[index])    // 如果假设不成立,即有比最小值还小的元素,
                                    // 则更新 index
            {
```

```
                    index = i;
                }
            }
            int temp = a[index];// 交换数组元素值,使最小值放到应该放的位置
            a[index] = a[k];
            a[k] = temp;
        }
        printf("升序排序后: \n");// 输出排序后的数组
        for( int i = 0; i < N; i ++)
        {
            printf("%d\t", a[i]);
        }
}
```

运行结果如下:

请输入5个整数:9 8 3 5 2✓
排序前:
9   8   3   5   2
升序排序后:
2   3   5   8   9

以上述程序运行输入的数据{9,8,3,5,2}为例,选择排序的过程如下:

第一轮,k=0,找出5个数中的最小数2,即index=4,交换a[0]和a[4],即将最小值放到数组的第一位;

第二轮,k=1,找出剩余4个数中的最小数3,即index=2,交换a[1]和a[2],即将相对最小值放到数组的第二位;

第三轮,k=2,找出剩余3个数中的最小数5,即index=3,交换a[2]和a[3],即将相对最小值放到数组的第三位;

第四轮,k=3,找出剩余2个数中的最小数8,即index=3,假设正确,不交换,即将相对最小值放到数组的第四位,数组排序完毕,排序过程中数据的变化如图6-1-4所示。

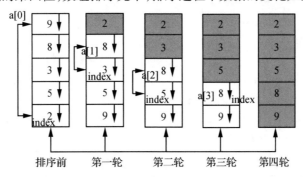

图6-1-4 选择排序过程中数据变化图

（2）冒泡排序法。

冒泡排序是参考水沸腾时气泡上升,大泡在小泡的上面的原理。以升序排序为例,只要确保数组中任意两个相邻元素中前一个元素小于后一个元素,那么就可以说数据元素是升序排列。

冒泡排序的过程：

第1步,从第1个元素开始,将相邻的两个元素依次进行比较,如果前一个元素比后一个元素大,则交换它们的位置,直至最后两个元素完成比较。整个过程完成后,数组中最后一个元素就是最大值。

第2步,去除最后一个元素,剩余的前 n−1 个元素继续进行两两比较,过程与第1步相似,将数组中第2大的元素放在倒数第2的位置。

第3步,以此类推,重复以上步骤,直到剩下一个元素为止。

程序如下：

```c
/**********
功能：一维数组冒泡排序(升序)
*********/
#include "stdio.h"
#define N 5      // 定义一维数组长度常量
int main()
{
    int a[N];
    printf("请输入%d个整数:",N);   // 输入提示
    for(int i=0;i<N;i++)    // 循环变量i为数组元素的下标,取值范围:0~N-1
    {
        scanf("%d",&a[i]);
    }
    printf("排序前:\n");// 输出排序前的数组
    for(int i=0;i<N;i++)
    {
        printf("%d\t",a[i]);
    }
    printf("\n");
    // 冒泡升序排序
    /*5个数排序,需要依次找出4个相对最大的数放到数组后4个位置,
        循环变量k控制排序的轮数*/
    for(int k=0;k<N-1;k++)
    {
        for(int i=0;i<N-1-k;i++)// 遍历前N-k个元素
```

```
        {
            /*如果数组相邻的两个元素不符合前面的元素小于后面的元素的条件,
              则交换两相邻元素,使条件成立*/
            if( a[ i] > a[ i + 1])
            {
                    int temp = a[ i];
                    a[ i] = a[ i + 1];
                    a[ i + 1] = temp;
            }
        }
    }
    printf("升序排序后: \n");         // 输出排序后的数组
    for( int i = 0; i < N; i ++ )
    {
            printf("%d\ t", a[ i]);
    }
}
```

运行结果如下:

请输入5个整数:9　8　3　5　2↙
排序前:
9　　8　　3　　5　　2
升序排序后:
2　　3　　5　　8　　9

以上述程序运行输入的数据{9,8,3,5,2}为例,冒泡排序的过程如下:

第1轮,相邻元素比较交换后,将5个数中的最大数9交换到数组的最后一位。

第2轮,剩余前4个元素中相邻元素比较交换后,将最大数8交换到数组的倒数第二位。

第3轮,剩余前3个元素中相邻元素比较交换后,将最大数5交换到数组的倒数第三位。

第4轮,剩余前2个元素中相邻元素比较交换后,将最大数3交换到数组的倒数第四位,此时只剩一个元素,数组排序完毕,排序过程中数据的变化如图6-1-5所示。

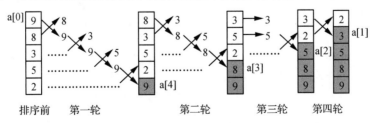

图6-1-5　冒泡排序过程中数据变化图

3. 查找

在一组数据中查找是否存在某一个数,是日常生活中经常用到的操作要求。在一维数组中查找某个数的算法有很多,这里介绍两种常用的算法。

(1) 顺序查找。

顺序查找是指在数组中按元素的顺序,依次与各元素进行比较查找。如果有元素值与要查找的数据相同,则记录元素位置,结束查找,标记已经找到;如果所有元素值与查找数据都不相同,则标记未找到。

顺序查找方法简单,适用于在数据量较少或数据没有规律的情况下查找给定数据。

程序如下:

```c
/**********
功能:遍历一维数组查找指定的值
**********/
#include "stdio.h"
#define N 10   // 定义一维数组长度常量
int main()
{
    int a[N];
    printf("请输入%d 个整数:", N);    // 输入提示
    for( int i = 0; i < N; i ++)   // 循环变量i为数组元素的下标,取值范围:0~N-1
    {
        scanf("%d", &a[i]);
    }
    int find;
    printf("请输入要查找的数据:");    // 输入要查找的数据
    scanf("%d", &find);
    // 在一维数组中顺序查找输入的数据
    int find_index = -1;          // 存放找到的元素位置(下标),
                                  // 初始化值不在下标范围内,即默认没找到
    for( int i = 0; i < N; i ++)
    {
        if( find == a[i])    // 如果找到,记录位置,停止查找
        {
            find_index = i;
            break;
        }
    }
```

```
    // 判断是否找到, 如果 find_index <0, 则没找到, 否则就是找到了
    if( find_index == -1)
        printf("%d 未找到!!", find);
    else
        printf("%d 已经找到, 元素是: a[%d]", find, find_index);
}
```

运行结果如下:

请输入 10 个整数: 3 89 283 83 29 340 21 55 20 77 ↙
请输入要查找的数据: 21 ↙
21 已经找到, 元素是: a[6]

(2) 二分法查找

二分法查找也称折半查找,在大量的有序数据中查找给定数据时一般使用二分法查找。二分法查找是一种常用的效率较高的查找方法。

二分法查找是先找到有序数组的中间元素,然后与要查找的数据进行对比,如果相等,那么标记找到数据,结束查找;如果查找的数据比中间元素的值大,则到数组元素值大的那一半中使用二分法查找;如果查找的数据比中间元素的值小,则到数组元素值小的那一半中使用二分法查找。如此重复上述过程,直至找到满足条件的元素,查找成功;或者没有可分的元素,未找到给定数据。

程序如下:

```
/**********
功能: 在有序(升序)一维数组中查找给定数据
**********/
#include "stdio.h"
#define N 10    // 定义一维数组长度常量
int main( )
{
    int a[N];
    printf("请输入%d 个整数:", N);    // 输入提示
    for( int i =0; i < N; i ++)    // 循环变量 i 为数组元素的下标, 取值范围:0 ~ N-1
    {
        scanf("%d", &a[i]);
    }
    // 冒泡升序排序
```

```c
for( int k = 0; k < N-1; k ++ )
{
    for( int i = 0; i < N-1-k; i ++ )
    {
        if( a[ i ] > a[ i + 1 ])
        {
            int temp = a[ i ];
            a[ i ] = a[ i + 1 ];
            a[ i + 1 ] = temp;
        }
    }
}
int find;
printf("请输入要查找的数据:") ;// 输入要查找的数据
scanf( "%d", &find) ;
int find_index = -1;          // 存放找到的元素位置(下标)
                              // 初始化值不在下标范围内, 即默认没找到
                              // 二分法查找数据
int start = 0, end = N-1;     // start: 查找数组范围的起始下标, 初始化为 0
                              // end: 查找数组范围的最终下标, 初始化为 N-1
// mid: 查找数组范围中间元素下标, 值为( start + end) /2
int mid = ( start + end) /2;
// 当查找范围起始下标 > 最终下标时, 结束查找
while( start <= end)
{   // 如果找到目标元素, 记录位置, 结束查找
    if( find == a[ mid ])
    {
        find_index = mid; // 记录位置
        break;
    }
    // 查找的数据在大的半边
    else if( find > a[ mid ])
    {
        start = mid +1;        // 设置查找范围的起始位置
    }
    // 查找的数据在小的半边
    else
```

```
            {
                end = mid-1;          // 设置查找范围的最终位置
            }
            mid = ( start + end)/2;   // 重新计算查找范围的中间位置
        }
        // 判断是否找到,如果find_index <0,则没找到,否则就是找到了
        if( find_index == -1)
            printf("%d 未找到!!",find);
        else
            printf("%d 已经找到,元素是: a[ %d]",find,find_index);
}
```

运行结果如下:

请输入 10 个整数:584 283 538 103 83 92 28 145 933 248↙
请输入要查找的数据:103↙
103 已经找到,元素是: a[3]

注意:二分法查找只针对有序序列。

想一想:在实际应用中,哪些情况下可以使用二分法查找?

4. 有序数组插值

在一个排好顺序的数组中插入一个新的值,保持数组的顺序不变,是在数据处理过程中经常碰到的一种情况。插值的算法有很多,下面介绍在一维顺序数组插值的方法(以升序为例)。

第1步,使用顺序查找法找到第一个大于插入值的元素。
第2步,将此元素和其后边的元素依次向后移动一位。
第3步,将插入值存入已空出的位置。

程序如下:

```
/**********
功能:有序(升序)一维数组插入指定的值
**********/
#include "stdio.h"
#define N 10         // 定义一维数组长度常量
int main()
{
    // 定义长度为 11 的一维数组,用升序数集初始化前 10 个元素
    int a[ N +1] = {12,26,38,43,54,65,71,87,94,100};
    int insert;
```

```c
        printf("请输入要插入的数据:");    // 输入要插入的数据
        scanf("%d", &insert);
        /*存放要插入的元素位置(下标),初始化值为数组的上限,即默认插入位置
          是最后一个元素*/
        int ins_index = N;
        // 在一维数组中顺序查找到第一个大于插入值的元素下标
        for( int i = 0; i < N; i ++)
        {
            // 如果找到,记录位置,停止查找
            if( a[ i] > insert)
            {
                ins_index = i;
                break;
            }
        }
        // 数组元素依次向后移动
        for( int i = N; i > ins_index; i--)
        {
            a[ i] = a[ i-1];
        }
        a[ ins_index] = insert;              // 插入新值
        printf("插入%d 后: \n", insert);     // 输出插值后的数组
        for( int i = 0; i < N + 1; i ++)
            printf("%d\t", a[ i]) ;
}
```

运行结果如下:

请输入要插入的数据:48 ↙
插入 48 后:
12　　26　　38　　43　　48　　54　　65　　71　　87　　94　　100

试一试:运行上面的程序,输入大于 100 或小于 12 的数,看看运行结果。

做一做:在降序的数组中插入新值。

5. 在一维数组中删除指定值

在一维数组中删除指定值时有两种情况:

① 数组元素中有与指定值相同的元素,则找到此元素的位置,将其后的元素依次向前移动一位,完成删除;

② 数组元素中没有与指定值相同的元素,则提示没有指定值,删除失败。

程序如下:

```c
/**********
功能:在有序(升序)一维数组中删除指定的值
*********/
#include "stdio.h"
#define N 10    // 定义一维数组长度常量
int main()
{
    // 定义长度为10的一维数组,用升序数集初始化
    int a[N] = {12, 26, 38, 43, 54, 65, 71, 87, 94, 100};
    int delete;
    printf("请输入要删除的数据:");    // 输入要删除的数据
    scanf("%d", &delete);
    /*存放要删除的元素位置(下标),初始化值为数组下标范围外,即默认找不
      到删除的元素*/
    int del_index = N;
    // 在一维数组中顺序查找到与删除值相同的元素下标
    for( int i = 0; i < N; i ++)
    {
        // 如果找到,记录位置,停止查找
        if( a[i] == delete)
        {
            del_index = i;
            break;
        }
    }
    // 判断是否与删除值相同的元素
    if( del_index == N)
    {    // 没找到要删除元素
        printf("无法删除%d,数组中无此数据!\n", delete);
    }
    else
    {    // 数组元素依次向前移动,完成删除
        for( int i = del_index; i < N-1; i ++)
        {
            a[i] = a[i+1];
        }
```

```
            // 输出删除后的数组
            printf("删除%d 后: \n", delete);
            for( int i = 0; i < N-1; i ++ )         // 注意此处是 i < N-1
                printf("%d\t", a[ i ]);
        }
}
```

运行结果如下：

请输入要删除的数据:58 ↙
无法删除 58,数组中无此数据!

请输入要删除的数据:71 ↙
删除 71 后:
12   26   38   43   54   65   87   94   100

做一做：删除数组中的数据也可以删除指定位置(下标)的元素,其实现过程只是跳过查找元素位置这一步,大家可以动手做一做。

6．在一维数组中修改指定元素的值

在一维数组中修改数据与删除数据类似,也分两种情况：

① 数组元素中有与指定值相同的元素,则找到此元素的位置,如果是有序数组,则删除此元素,插入新值；如果是无序数组,则直接为其赋新值,完成修改。

② 数组元素中没有与指定值相同的元素,则提示没有指定值,修改失败。

程序如下：

```
/**********
功能: 有序(升序)一维数组修改指定的值
*********/
#include "stdio.h"
#define N 10            // 定义一维数组长度常量
int main( )
{
    // 定义长度为10的一维数组,用升序数集初始化
    int a[ N ] = {12, 26, 38, 43, 54, 65, 71, 87, 94, 100};
    int old;
    printf("请输入要修改的元素值:"); // 输入要修改的数据
    scanf("%d", &old);
    /*存放要修改的元素位置(下标),初始化值为数组下标范围外,即默认找不
        到要修改的元素*/
    int old_index = N;
```

```c
// 在一维数组中顺序查找到要修改的元素下标
for( int i = 0; i < N; i ++ )
{
    // 如果找到,记录位置,停止查找
    if( a[ i ] == old)
    {
        old_index = i;
        break;
    }
}
// 判断是否找到要修改的元素
if( old_index == N)
{   // 没找到要修改元素
    printf("无法修改%d,数组中无此数据!\n", old);
    return 0;
}
// 找到要修改的元素,其后数组元素依次向前移动,删除要修改的元素
for( int i = old_index; i < N-1; i ++ )
{
    a[ i ] = a[ i + 1 ];
}
// 输入要修改的新值
int new;
printf("请输入要修改的新值:");
scanf("%d", &new);
// 在删除要修改元素后的数组中插入新值
int ins_index = N-1;  // 存放要插入的元素位置(下标),注意此处是 N-1
    /* 初始化值为删除修改元素后数组的上限,即默认插入位置是最后一个
       元素在一维数组中顺序查找到第一个大于插入值的元素下标 */
for( int i = 0; i < N-1; i ++ )         // 注意此处是 i < N-1
{
    // 如果找到,记录位置,停止查找
    if( a[ i ] > new)
    {
        ins_index = i;
        break;
    }
}
```

```
        }
        // 数组元素依次向后移动
        for( int i = N-1; i > ins_index; i---)   // 注意此处是 i < N-1
        {
            a[ i] = a[ i-1];
        }
        a[ ins_index] = new;    // 插入新值
        printf("将%d 修改为%d 后: \n", old, new);    // 输出修改后的数组
        for( int i = 0; i < N; i ++ )
            printf("%d\ t", a[i]) ;
}
```

运行结果如下:

请输入要修改的元素值:45 ↙
无法修改 45,数组中无此数据!

请输入要修改的元素值:65 ↙
请输入要修改的新值:76 ↙
将 65 修改为 76 后:
12   26   38   43   54   71   76   87   94   100

做一做:设计无序数组修改元素值的程序(两种情况,指定值和指定位置)。

上面分别介绍了数组统计、排序、添加、删除、修改、查找等常见的数据处理方法,理解这些方法对后续的程序设计会有很大的帮助。

【任务实现】

分析:经过前面的学习,可以很容易地编程实现此任务,定义一个一维数组,输入成绩,然后进行数组统计和排序。

程序如下:

```
/**********
功能:记录一名同学的成绩,并进行统计和排序
**********/
#include "stdio. h"
#define N 5     // 定义成绩数组长度常量,假设有 5 门课
int main( )
{
    int score[ N];
    int total = 0;         // 存放总成绩
```

```c
        double avg = 0;        // 存放平均成绩
        printf("请输入%d 门课的成绩:", N);
        // 输入成绩并计算总成绩和平均成绩
        for( int i = 0; i < N; i ++ )
        {
            scanf("%d", &score[ i ]);
            total + = score[ i ];
        }
        avg = ( double) total/N;
        // 冒泡升序排序
        for( int k = 0; k < N-1; k ++ )
        {
            for( int i = 0; i < N-1-k; i ++ )
            {
                if( score[ i ] > score[ i + 1 ])
                {
                    int temp = score[ i ];
                    score[ i ] = score[ i + 1 ];
                    score[ i + 1 ] = temp;
                }
            }
        }
        // 输出排序后的成绩、总成绩和平均成绩
        printf("各科成绩: \n");
        for( int i = 0; i < N; i ++ )
        {
            printf("%d\t", score[ i ]);
        }
        printf("\n");
        printf("总成绩:%d,平均成绩:%.2lf\n", total, avg);
}
```

运行结果如下:

```
请输入5 门课的成绩:86    76    93    69    85↙
各科成绩:
69    76    85    86    93
总成绩:409,平均成绩:81.80
```

任务2　使用二维数组存储和处理多个数据

【任务目标】

知识目标：了解二维数组的含义,掌握二维数组的定义、初始化方法及使用方式。
技能目标：能够正确使用二维数组解决问题。
品德品格：能够注重细节,做事一丝不苟、精益求精,具备从实践中找到答案的能力。

【任务描述】

小明现在不仅想记录自己所学课程的成绩,还想记录和处理全班同学的成绩,他发现如果一名同学使用一个数组的话,需要定义很多个数组才可以,这又出现了与定义很多变量一样的问题,他想知道是否有方法解决这个问题。

任务：记录多名学生一学期所学课程的成绩,并计算每名同学总成绩和每门课程的平均成绩。

【预备知识】

一名同学的成绩可以使用一维数组记录处理,多名同学的成绩就要用多个一维数组记录处理,那么可不可以将这些一维数组当作数组元素组成一个数组呢？答案是肯定的,C语言使用二维数组处理这种情况。

一、二维数组的含义

二维数组可以看作一组具有相同长度和类型的一维数组的集合。经过前面的学习,我们知道数组是一种数据类型,那么一维数组也是一种数据类型,当然就可以使用一维数组类型定义数组,即二维数组是由一维数组组成的数组。

如果说一维数组是由点组成的线,那么二维数组就是由线组成的面,实质还是由点组成的,真正起作用的还是点,只不过这些点被分成了组(线)。

二维数组可以直观地看作由行和列组成的表格,每个格子就是二维数组的元素,所以二维数组的长度可以表示为行数×列数,即每个二维数组有行数×列数个变量。

二、二维数组的定义及内存分配

1. 二维数组的定义

定义二维数组的方式与一维数组类似,其语法格式如下:

类型标识符 数组名[常量表达式1][常量表达式2];

在上述语法格式中,类型标识符、数组名、[]含义与一维数组定义相同。"常量表达

式1"被称为行数,声明二维数组有多少行;"常量表达式2"被称为列数,声明二维数组有多少列。例如:

```
int a[2][3];          // 定义2行3列的整型二维数组
char c[5][10];        // 定义5行10列的字符型二维数组
double d[5][5];       // 定义5行5列的双精度型二维数组
```

2. 二维数组的内存使用方式

定义了二维数组,程序运行时编译器就会为二维数组分配内存空间,二维数组是按元素数据类型占用的内存空间为单位,以先行后列的顺序依次为每个数组元素分配内存空间,并且所有元素的内存空间都是相邻的。可以使用"数组名[行下标][列下标]"的方式来确定是哪个数组元素,行下标是数组中每一行的位置编号,列下标是元素在列中的位置编号,都是从0开始。

图6-2-1是以 int a[2][3]为例来说明二维数组在内存中是如何分配的。

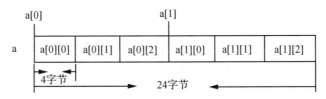

图6-2-1 二维数组内存占用方式

从图6-2-1可以看出:二维数组与一维数组占用内存的方式是相同的,只不过二维数组将数据拆分为几个一维数组,通过二维数组名和行下标来标识,这种使用方式可以更快地定位元素的位置。想想看,第5个元素和第2行第2个元素哪种方式定位更快?当然是第2行第2个元素定位更快,只需跳动3次就可以定位,而第5个元素需要跳动5次才可以定位。所以在学校中学生人数较多时会分为几个班来管理。

注意:定义二维数组时,行数和列数必须分别声明。

例如,以下定义是不正确的:

```
int a[2,3];
```

三、二维数组的使用

使用二维数组与使用一维数组一样,也需要先定义,赋初值,再使用。可以将二维数组的每一行都看作一个一维数组,数组名就是二维数组名[行下标]。

1. 初始化二维数组

要对二维数组初始化,可以使用一维数组初始化的方式,也可以使用下面的方式进行初始化:

类型标识符 数组名[常量][常量] = {{值1,值2,...},{值1,值2,...},...};

一维数组初始化一般有以下几种形式:

(1) 完全初始化。

使用数据数量与数组长度相同的数据集合初始化数组,初始化后数组元素的值为数据集合中相对应位置的数据。

例如,有如下定义语句:

int a[2][3] = {1,2,3,4,5,6};   // 一维数组方式

或

int a[2][3] = {{1,2,3},{4,5,6}};   // 二维数组方式

则数组 a 中各元素的值如图 6-2-2 所示。

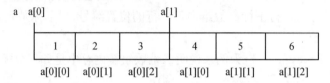

图 6-2-2 完全初始化数组 a 时各元素的值

(2) 部分初始化。

使用数据数量小于数组长度的数据集合初始化数组,初始化后数组元素的值为数据集合中相对应位置的数据,没有对应数据的元素值为 0。

例如,有如下定义语句:

int a[2][3] = {1,2};   // 一维数组方式

或

int a[2][3] = {{1},{4}};   // 二维数组方式

则第一种初始化后数组 a 中各元素的值如图 6-2-3(a)所示,第二种初始化后各元素的值如图 6-2-3(b)所示。

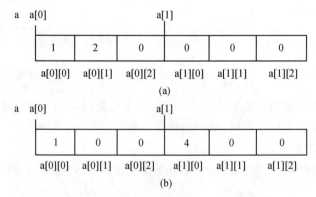

图 6-2-3 部分初始化数组 a 时各元素的值

(3) 初始化数组时缺省数组行数。

初始化数组时缺省二维数组行数,则数组长度为初始化数据集合中的数据数量。

例如,有如下定义语句:

```
int a[ ][3] = {1,2,3,4};        // 一维数组方式
```
或
```
int a[ ][3] = {{1},{4}};        // 二维数组方式
```

以上两种方式都表示定义了一个2行3列整型二维数组a并初始化,但是确定行数的方式和元素赋值的顺序是不同的。第一种要保证二维数组中有足够的行数来存储初始化集合中的数据,即行数是初始数据个数除以数组列数的向上取整值(如4除以3向上取整后的值是2),按元素在内存中的顺序为元素赋值,如图6-2-4(a)所示;第二种根据初始化集合中数据集合的数量确定二维数组的行数,按行的方式为元素赋值,如图6-2-4(b)所示。

注意:二维数组初始化时不可缺省列数。

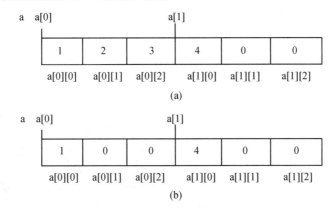

图 6-2-4　缺省行数时初始化二维数组

2.使用二维数组

(1)访问二维数组元素。

访问二维数组元素的方式与访问一维数组相似,也是通过数组名和下标访问数组元素的,与一维数组不同的是,二维数组要由两个下标确定元素的位置。其语法格式如下:

数组名[行下标][列下标];

在上述语法格式中,下标值应该在各自限定的大小范围内,不能越界。

例如,有如下定义的二维数组:

```
int a[3][4];        // 定义a为3行4列的二维数组
```

则下列访问二维数组元素的方式是错误的:

```
a[3][4] =5;         // 行下标上限越界,列下标上限也越界
a[2][5] =9;         // 列下标越界
```

注意:访问二维数组元素时,行下标和列下标必须分别放在"[ ]"。

例如,使用上面定义的二维数组,下面访问二维数组元素的方式是错误的:

```
a[3,4] =5;        // 语法错误
a(2)(5) =9;       // 运算符使用错误
```

(2)遍历二维数组。

遍历一维数组需要使用一重循环,二维数组是一维数组的集合,所以遍历二维数组就是遍历每个一维数组,需要再加一重循环,即用二重循环来遍历二维数组。

通常遍历二维数组时,外层循环控制输出行,内层循环控制输出列。

例如,通常使用下列代码进行二维数组的遍历。

```c
/**********
功能:遍历二维数组,输入、输出二维数组元素值
**********/
#include "stdio.h"
#define M 2    // 定义二维数组行数常量
#define N 3    // 定义二维数组列数常量
int main()
{
    int a[M][N];
    printf("请输入%d 个整数:", M * N);   // 输入提示
    // 外层循环变量 i 为二维数组元素的行下标,取值范围:0 ~ M-1
    for( int i = 0; i < M; i ++ )
    {
        // 内层循环变量 j 为二维数组元素的列下标,取值范围:0 ~ N-1
        for( int j = 0; j < N; j ++ )
            scanf("%d", &a[i][j]);
    }
    printf("数组中元素的值为\n");
    for( int i = 0; i < M; i ++ )
    {
        for( int j = 0; j < N; j ++ )
            printf("%d\t", a[i][j]);
        printf("\n") ;         // 每行结束时换行
    }
}
```

运行结果如下:

请输入 6 个整数:1 2 3 4 5 6↙
数组中元素的值为
1   2   3
4   5   6

四、二维数组与矩阵

二维数组主要用于处理由行和列构成的表数据,矩阵就是一种。关于矩阵的算法有很多,这里只介绍两种简单算法。

1. 矩阵转置

矩阵转置就是将矩阵的行变成列,列变成行。

例如,将下列矩阵转置:

  1 2 3
  4 5 6
  7 8 9

转置结果:

  1 4 7
  2 5 8
  3 6 9

设计思路:使用两个二维数组 a、b 分别存放转置前和转置后的矩阵,那么两个数组元素的转换关系如图 6-2-5 所示,a[0][0]→b[0][0],a[0][1]→b[1][0],a[0][2]→b[2][0]……,即将 a[i][j]→b[j][i],也就是 a 和 b 相对应的元素行下标和列下标是相反的。

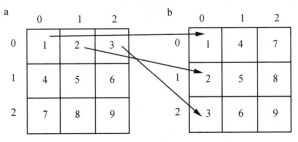

图 6-2-5 矩阵与转置矩阵

根据分析结果,设计程序。程序如下:

```
/***********
功能:矩阵转置
*********/
#include "stdio.h"
#define M 2    // 定义二维数组行数常量
#define N 3    // 定义二维数组列数常量
int main()
{
    int a[M][N];      // 存放原始矩阵
    int b[N][M];      // 存放转置后的矩阵
    // 输入提示
```

```c
        printf("输入矩阵数据\n请按先行后列的顺序输入%d个整数:", M * N);
        for( int i = 0; i < M; i ++ )
        {
            for( int j = 0; j < N; j ++ )
                scanf("%d", &a[i][j]);
        }
        for( int i = 0; i < M; i ++ )
        {
            for( int j = 0; j < N; j ++ )
                b[j][i] = a[i][j];        // 转置
        }
        // 输出原始矩阵
        printf("原矩阵:\n");
        for( int i = 0; i < M; i ++ )
        {
            for( int j = 0; j < N; j ++ )
                printf("%d\t", a[i][j]);
            printf("\n");        // 每行结束时换行
        }
        // 输出转置后矩阵
        printf("转置后矩阵:\n");
        for( int i = 0; i < N; i ++ )
        {
            for( int j = 0; j < M; j ++ )
                printf("%d\t", b[i][j]);
            printf("\n");        // 每行结束时换行
        }
}
```

运行结果如下:

```
输入矩阵数据
请按先行后列的顺序输入6个整数:1 2 3 4 5 6↙
原矩阵:
1       2       3
4       5       6
转置后矩阵:
1       4
2       5
3       6
```

2. 设置 N 阶矩阵主对角线上方的值

注:N 阶矩阵就是 N*N 的矩阵,主对角线是行和列相等的位置。

例如,下面是 3 阶矩阵:

1 2 3
4 5 6
7 8 9

主对角线的数为 1、5、9,其上方的值就是 2、3、6,这里将主对角线上方的值设为 0,矩阵变为

1 0 0
4 5 0
7 8 9

设计思路:使用 N*N 的二维数组存放矩阵数据,根据上方的示例,可以看出主对角线为数组中行下标和列下标相等的元素,主对角线上方的元素都有一个特点,即列下标 > 行下标。所以可以设计程序,将数组中列下标大于行下标的元素赋值为 0 就可以实现要求。程序如下:

```c
/**********
功能:设置 N 阶矩阵主对角线上方数值为 0
*********/
#include "stdio.h"
#define N 3    // 定义矩阵阶数常量
int main()
{
    int a[N][N] = {
                    {1,2,3},
                    {4,5,6},
                    {7,8,9}
                   };          // 存放 N 阶矩阵并初始化
    // 将主对角线上方元素赋值为 0
    for(int i = 0; i < N; i ++)    // 行下标 i
    {
        // 遍历每行元素,符合条件的设置为 0
        for(int j = 0; j < N; j ++)    // 列下标 j
        {
            if(j > i)
            {
                a[i][j] = 0;    // 列下标 > 行下标,置为 0
            }
        }
```

```
            // 或者遍历每行中符合条件的元素,设置为0,此种方法循环次数少
            // for( int j = i + 1; j < N; j ++ )
            //     a[ i ][ j ] = 0;
        }
        // 输出处理结果
        printf("主对角线上方为 0 的矩阵: \n");
        for( int i = 0; i < N; i ++ )
        {
            for( int j = 0; j < N; j ++ )
                printf("%d\t", a[ i ][ j ]);
            printf("\n");            // 每行结束时换行
        }
    }
```

运行结果如下:

```
主对角线上方为 0 的矩阵:
1       0       0
4       5       0
7       8       9
```

试一试:输出杨辉三角的前 10 行。

杨辉三角是二次项系数在三角形中的一种几何排列,它是我国古代数学的杰出研究成果之一。它把二项式系数图形化,把组合数内的一些代数性质直观地用图形体现出来,是一种离散型的数与形的优美结合。其前 10 行样式如下所示:

```
1
1   1
1   2   1
1   3   3   1
1   4   6   4   1
1   5   10  10  5   1
1   6   15  20  15  6   1
1   7   21  35  35  21  7   1
1   8   28  56  70  56  28  8   1
1   9   36  84  126 126 84  36  9   1
```

分析:杨辉三角有如下规律——第 n 行的数字有 n 项;每行的端点数为 1,最后一个数也为 1;每个数等于它左上方和正上方的两个数之和;每行数字左右对称,由 1 开始逐渐增大。

根据上面的规律,可以将杨辉三角看作一个二维数组 arr[n][n],并使用双层循环控制程序流程,为数组 arr[n][n] 中的元素逐一赋值,假设数组元素记为 arr[i][j],则元素 arr[i][j] 满足:arr[i][j] = arr[i-1][j-1] + arr[i-1][j]。

首先定义一个二维数组,定义双层 for 循环,外层循环负责控制行数,内层循环负责控制列数,根据规律给数组元素赋值,最后用双层 for 循环输出二维数组中的元素。

【任务实现】

分析:数组处理的是同一类数据,学科成绩、总成绩、平均成绩是意义不同的数据,所以要使用不同的数组。可以使用 M*N 的二维数组记录 M 名学生 N 门课程的成绩,使用长度为 M 的一维数组存放每名同学的总成绩,使用长度为 N 的一维数组存放每门课的平均成绩。

程序如下:

```c
/**********
功能:记录学生成绩,并计算学生总成绩和课程平均分
*********/
#include "stdio.h"
#define M 5    // 定义学生人数常量
#define N 3    // 定义课程数量常量
int main()
{
    int score[M][N];        // 存放成绩
    int total[M] = {0};     // 存放学生总成绩
    double avg[N] = {0};    // 存放课程平均分
    // 输入成绩
    for( int i = 0; i < M; i++)
    {
        printf("请输入%d 号学生成绩:\n", i+1);
        for( int j = 0; j < N; j++)
        {
            printf("课程%d:", j+1);
            scanf("%d", &score[i][j]);
        }
    }
    // 计算学生总成绩
    for( int i = 0; i < M; i++)
    {
        for( int j = 0; j < N; j++)
        {
            total[i] += score[i][j];
```

```
        }
    }
    // 计算课程平均成绩,注意循环变量 i、j 的条件
    for( int i = 0; i < N; i ++ )
    {
        int sum = 0;
        for( int j = 0; j < M; j ++ )
        {
            sum + = score[ i ][ j ];              // 每门课程总成绩
        }
        avg[ i ] = ( double) sum/M;
    }
    // 输出每名同学成绩
    printf("成绩输出: \n") ;
    for( int i = 0; i < M; i ++ )
    {
        printf("%d 号学生成绩:", i + 1);
        for( int j = 0; j < N; j ++ )              // 输出每门课成绩
            printf("课程%d: %d ", j + 1, score[ i ][ j ]);
        printf("总成绩: %d\n", total[ i ]);         // 输出学生总成绩
    }
    // 输出每门课程平均成绩
    printf("课程平均成绩:");
    for( int j = 0; j < N; j ++ )
        printf("课程%d: %.2lf ", j + 1, avg[ j ]);
}
```

运行结果如下:

请输入 1 号学生成绩:
课程 1:89 ↙
课程 2:67 ↙
课程 3:87 ↙
请输入 2 号学生成绩:
课程 1:65 ↙
课程 2:73 ↙
课程 3:74 ↙
请输入 3 号学生成绩:
课程 1:86 ↙

课程 2:90 ↙

课程 3:68 ↙

请输入 4 号学生成绩:

课程 1:75 ↙

课程 2:89 ↙

课程 3:68 ↙

请输入 5 号学生成绩:

课程 1:96 ↙

课程 2:78 ↙

课程 3:82 ↙

成绩输出:

1 号学生成绩:课程 1:89　课程 2:67　课程 3:87　总成绩:243

2 号学生成绩:课程 1:65　课程 2:73　课程 3:74　总成绩:212

3 号学生成绩:课程 1:86　课程 2:90　课程 3:68　总成绩:244

4 号学生成绩:课程 1:75　课程 2:89　课程 3:68　总成绩:232

5 号学生成绩:课程 1:96　课程 2:78　课程 3:82　总成绩:256

课程平均成绩:课程 1:82.2　课程 2:79.4　课程 3:75.8

【知识拓展】

在计算机中,除了一维数组和二维数组以外,还有多维数组,它们用在某些特定程序的开发中,多维数组的定义与二维数组类似,其语法格式如下:

数组类型修饰符 数组名 [n1][n2]…[nn];

定义一个三维数组的示例代码如下:

int x [3][4][5];

上述代码中,定义了一个三维数组,数组的名字是 x,数组的长度是 3,每个数组的元素又是一个二维数组,这个二维数组的长度是 4,并且这个二维数组中的每个元素又是另一个一维数组,这个一维数组的长度是 5,元素类型是 int。

无论一维数组、二维数组还是多维数组,其中的元素在内存中都呈线性排列,而一维、二维、多维都是人为规定的,在取数组元素时,按不同的维数来取,是由编译器来实现的。理解数组的内存模型有利于写出高质量的代码。多维数组在实际工作中使用得不多,使用方法与二维数组相似。

任务3　使用函数处理数组数据

【任务目标】

知识目标：掌握使用函数处理数组数据的方法。
技能目标：能够设计数组作为函数参数，解决一些实际问题。
品德品格：培养学生分工合作的意识。

【任务描述】

小明在完成本项目任务1和任务2时发现用到了很多学习时编写的代码，那么是否可以将这些代码封装成函数呢？答案是肯定的，可以设计数组类型参数的函数来实现小明的要求。

任务：编写一维数组求和、求平均值、输入、输出，以及二维数组输入、输出功能函数，重写任务2程序。

【预备知识】

设计操作数组的函数，需要将数组数据传递给函数，单独传递数组元素数据与传递普通变量相同，之前已经学习过，不再讲述。这里只讲述传递整个数组数据的情况。

一、定义实参是数组的函数

1. 一维数组作为函数的参数

实参是一维数组，定义函数的形参也要定义成与实参相同类型的一维数组。
比如：

```
void func( int arr[5]);
void func( int arr[ ]);
```

上述两种函数声明实际是一样的，调用函数时，都可以用一维整型数组名做实参（任意数组长度），传递整个实参数组数据给函数。第一种形式在声明函数时确定参数中数组的大小，这个数值只能在编写函数体时做一个参考，实际调用时是没有作用的。下面程序的运行结果可以验证这种情况。

```
/**********
功能:对比调用两种形式声明的函数的结果
**********/
#include "stdio.h"
// 确定形参长度
void outArry1(int arry[3])
{
    for(int i=0; i<8; i++)
    {
        printf("%d ", arry[i]);
    }
}
// 缺省形参长度
void outArry2(int arry[])
{
    for(int i=0; i<8; i++)
    {
        printf("%d ", arry[i]);
    }
}

int main()
{
    int a[8] = {1,2,3,4,5,6};
    printf("调用形参长度为3的函数:\n");
    outArry1(a);
    printf("\n调用缺省形参长度的函数:\n");
    outArry2(a);
}
```

运行结果如下:

```
调用形参长度为3的函数:
1 2 3 4 5 6 0 0
调用缺省形参长度的函数:
1 2 3 4 5 6 0 0
```

从运行结果可以看出,第一种函数声明时确定形参长度是无效的,所以通常使用第二种形式声明函数。

2. 二维数组作为函数的参数

实参是二维数组函数的形参也要定义成与实参相同类型的二维数组。

比如：

```
void func( int arr[2][5]);
void func( int arr[ ][5]);
```

同一维数组一样，上述两种形式声明的函数作用相同，但是二维数组的列数不可缺省，而且必须是常量。

二、调用形参是数组类型的函数

调用此类函数时，实参只能是对应类型的数组名，传递给形参的是实参数组在内存中的位置，并不会为形参分配足够大的内存接收实参数组的数据。实际上形参和实参用的是同一段内存空间，即实参的内存空间，所以在调用函数中改变形参数组，就相当于改变实参数组（详见项目七任务3）。

由于形参只是接收实参数组在内存中的位置，并不知道实参数组的长度，因此，在声明处理带数组数据的函数时通常会再声明一个传递数组长度的形参。

例如：

```
void func( int arr[ ], int n);
```

【任务实现】

程序如下：

```
/**********
功能:记录学生成绩,并计算学生总成绩和课程平均分
**********/
#include "stdio.h"
#define M 5    // 定义学生人数常量
#define N 3    // 定义课程数量常量
/*****************定义一维数组函数******************************/
/**********
函数名:void input( int arr[ ], int n)
功能:为一维数组输入数据
参数:int arr[ ],数组名; int n,一维数组长度
返回值:void 无返回值
**********/
void input( int arr[ ], int n)
{
```

```
        for( int i = 0; i < n; i ++)
        {
            printf("课程%d:", i + 1);
            scanf("%d", &arr[i]);
        }
}
/**********
函数名: void out( int arr[ ], int n)
功能: 输出一维数组数据
参数: int arr[ ], 数组名; int n, 一维数组长度
返回值: void 无返回值
*********/
void out( int arr[ ], int n)
{
    for( int j = 0; j < n; j ++)
        printf("课程%d: %d ", j + 1, arr[j]);
}
/**********
函数名: int sum( int arr[ ], int n)
功能: 计算一维数组元素和
参数: int arr[ ], 数组名; int n, 一维数组长度
返回值: int 返回数组元素的和
*********/
int sum( int arr[ ], int n)
{
    int s = 0;
    for( int i = 0; i < n; i ++)
        s + = arr[i];
    return s;
}
/**********
函数名: double average( int arr[ ], int n)
功能: 计算一维数组元素的平均值
参数: int arr[ ], 数组名; int n, 一维数组长度
返回值: double 返回数组元素的平均值
*********/
double average( int arr[ ], int n)
```

```
{
    return (double)sum(arr, n)/n;
}
/**************定义二维数组函数*****************************/
/**********
函数名: void input2(int arr[][N], int m)
功能: 为二维数组输入数据
参数: int arr[][N], 数组名; int m, 二维数组行数
返回值: void 无返回值
*********/
void input2(int arr[][N], int m)
{
    for(int i = 0; i < m; i++)
    {
        printf("请输入%d号学生成绩:\n", i+1);
        input(arr[i], N);    // 二维数组的每一行都是一个一维数组
    }
}
/**********
函数名: void outScore(int arr[][N], int total[], int m)
功能: 输出成绩
参数: int arr[][N], 成绩数组名
     int total[], 总成绩数组名
     int m, 二维数组行数
返回值: void 无返回值
*********/
void out2(int arr[][N], int total[], int m)
{
    for(int i = 0; i < m; i++)
    {
        printf("%d号学生成绩:", i+1);
        out(arr[i], N);
        printf("总成绩: %d\n", total[i]);
    }
}
/****************使用数组函数重写的主函数******************/
```

```c
int main()
{
    int score[M][N];            // 存放成绩
    int total[M] = {0};         // 存放学生总成绩
    double avg[N] = {0};        // 存放课程平均成绩
    input2(score, M);           // 输入成绩
    for(int i = 0; i < M; i++)
    {
        total[i] = sum(score[i], N);    // 计算学生总成绩
    }
    for(int i = 0; i < N; i++)
    {
        int sum = 0;
        for(int j = 0; j < M; j++)
        {
            sum += score[i][j];         // 每门课程总成绩
        }
        avg[i] = (double)sum/M;         // 计算课程平均成绩
    }
    printf("成绩输出:\n");               // 输出每名同学成绩
    out2(score, total, M);
    printf("课程平均成绩:");              // 输出每门课程的平均成绩
    for(int j = 0; j < N; j++)
        printf("课程%d:%.2lf ", j+1, avg[j]);
}
```

运行结果如下:

请输入 1 号学生成绩:
课程 1:75 ↙
课程 2:83 ↙
课程 3:69 ↙
请输入 2 号学生成绩:
课程 1:92 ↙
课程 2:79 ↙
课程 3:63 ↙
请输入 3 号学生成绩:
课程 1:78 ↙

课程2:93 ✓
课程3:87 ✓
请输入4号学生成绩:
课程1:67 ✓
课程2:92 ✓
课程3:86 ✓
请输入5号学生成绩:
课程1:54 ✓
课程2:86 ✓
课程3:72 ✓
成绩输出:
1号学生成绩:课程1:75   课程2:83   课程3:69   总成绩:227
2号学生成绩:课程1:92   课程2:79   课程3:63   总成绩:234
3号学生成绩:课程1:78   课程2:93   课程3:87   总成绩:258
4号学生成绩:课程1:67   课程2:92   课程3:86   总成绩:245
5号学生成绩:课程1:54   课程2:86   课程3:72   总成绩:212
课程平均成绩:课程1:73.2   课程2:86.6   课程3:75.4

上述程序中部分函数是针对当前程序设计的,移到其他程序使用时,只需要做少量针对性修改就可以使用。

做一做:将任务1中一维数组排序、查找、插值、删除、修改程序封装成函数。

项目小结

通过本项目的学习,学生应该掌握以下内容:

(1)理解数组的概念,会根据具体问题判断是否使用数组。能够正确定义数组,并引用数组元素。能用数组解决实际问题。

(2)熟悉一维数组的应用范围。一维数组用来存放一批同类型的数据,并可以利用一维数组对这批数据进行处理,比如查找、插入、删除、排序等。

(3)二维数组一般用来存放类型相同的多行多列形式的数据,比如表格或矩阵数据。利用二维数组可以直观地反映数据的行列位置。

(4)能够使用数组作为函数参数进行编程。

课后习题

一、单选题

1. 下面(   )写法可以实现访问数组 arr 的第1个元素。

A. arr[0]   B. arr(0)   C. arr[1]   D. arr(1)

2. 若 int i[5] = {1,2,3},则 i[4]的值为(   )。
A. 1   B. 2   C. null   D. 0
3. 下列关于二维数组的定义不正确的是(   )。
A. int a[2][3] = {{1,2,3},{4,5,6}};
B. int a[2][3] = {1,2,3,4,5,6};
C. int b[3][4] = {{1},{4,3},{2,1,2,}};
D. int a[ ][ ] = {1,2,3,4,5,6};
4. 若"int a[2][3] = {{1,2,3},{4,5,6}};",则 a[0][1]的值为(   )。
A. 2   B. 3   C. 4   D. 5
5. 定义如下变量和数组：
   int k;
   int a[3][3] = {1,2,3,4,5,6,7,8,9};
则下面语句的输出结果是(   )。
   for(k =0;k <3;k ++) printf("%d",a[k][2-k]);
A. 357   B. 369   C. 159   D. 147
6. 下列对数组描述正确的是(   )。
A. 数组的长度是不可变的
B. 数组不能先声明长度再赋值
C. 数组只能存储相同数据类型的元素
D. 数组没有初始值
7. 下列关于二维数组的定义正确的是(   )。
A. int a[2][3] = {{1,2,3},{4,5,6}};
B. int a[2][3] = {1,2,3,4,5,6};
C. int b[3][4] = {{1},{4,3},{2,1,2,}};
D. int a[ ][3] = {1,2,3,4,5,6};

二、判断题

1. "int a[2][3] = {1,2,3,4,5,6};",这是对二维数组 a 进行了初始化。(   )
2. 在 C 语言中,只有一维数组和二维数组。(   )
3. 数组的下标都是从 1 开始的。(   )
4. "int i[ ] = {1,2,3,4};"这种赋值方式是错误的。(   )
5. 多维数组的使用方法与二维数组的使用方法相似。(   )

三、填空题

1. 构成数组的各个元素必须具有相同的_____。
2. C 语言中数组名代表数组的_____地址。
3. 若数组"int a[ ] = {1,5,9,4,23};",则 a[3] = _____。
4. 若有数组 a,数组元素 a[0]～a[9]分别为 100、45、12、8、2、10、7、5、1、3,则该数组

可用的最小下标值是_____。

5. 若有定义"int a[3][4] = {{1,2},{0},{4,6,8,10}};",则初始化后,a[1][2]得到的初值是_____,a[2][1]得到的初值是_____。

6. 若有定义"double w[10];",则 w 数组元素下标的上限为_____,下限为_____。

四、编程题

1. 遍历一维数组,输入一个数,查找数组中是否有这个数。

2. 某个学生,期末考试有十门课,从这十门课的成绩中找出第一个不及格的成绩,输出其下标及该成绩。

3. 请编写一个程序,获取数组 int a[ ] = {3,4,6,9,13}中元素的最大值。

4. 请编写一个程序,通过冒泡排序法对数组 int b[ ] = {25,24,12,76,101,96,28}进行排序。

项目七　使用指针

任务1　使用指针操作变量

【任务目标】

知识目标：掌握地址和指针的概念、指针的使用方法、指针的运算方法、二级指针和特殊的指针。

技能目标：能够正确定义和使用指针。

品德品格：培养学生多方位思考的习惯及做事严谨的态度。

【任务描述】

小明了解到 C 语言的一个特色就是指针，他想知道什么是指针，有哪些关于指针的基本操作。

任务：使用指针 p 为整型变量 i 进行输入/输出操作。

【预备知识】

一、地址和内存

1. 内存的地址

编程的本质就是在操控数据,无论是复杂的图像、声音,还是运算的逻辑,它们都是由一个个0和1组成的,如果理解了内存的模型,以及C语言如何管理内存,就能使C语言编程能力更上一层楼。

计算机的内存是一块用于存储数据的空间,由一系列连续存储的单元组成,因为最小的存储单位比特只有两种状态——高电平和低电平(代表0和1),使用不够方便,所以在1967年国际标准化组织在计算机编码的标准化工作中推出了ASCII,每8个比特为1个字节,这样计算机便可以存储较多类型的数据,因此内存中的每个地址编号是以字节为单位,每一个字节有唯一一个编号,这个编号就叫作内存的地址。

不同位数的操作系统使用不同位数的地址编码。32位操作系统使用4字节地址编码,范围从0x00000000至0xFFFFFFFF;64位操作系统使用8字节地址编码,范围从0x0000000000000000至0xFFFFFFFFFFFFFFFF。内存存储单元与地址的关系如图7-1-1所示。

内存	编号(地址)
1 byte	0x00000001
1 byte	0x00000002
1 byte	0x00000003
……	……

图 7-1-1　内存存储单元与地址的关系

2. 虚拟内存空间划分及作用

(1) 虚拟内存空间。

虚拟内存空间就是一个中间层,相当于在程序和物理内存之间设置了一个屏障,将二者隔离开来,程序中访问的内存地址不再是实际的物理内存地址,而是一个虚拟地址,然后由操作系统将这个虚拟地址映射到适当的物理内存地址上。其特点概述为并发、共享、虚拟、异步。当程序运行时,操作系统的内核会为程序分配虚拟内存。

(2) C语言程序的虚拟内存空间划分及作用。

当C语言程序加载到内存中时,C语言程序占用的虚拟内存大致分为以下几段。

- 代码段:包括二进制可执行代码。
- 数据段:包括已初始化的静态常量和全局变量。
- BSS段:包括未初始化的静态变量和全局变量。
- 堆段:包括动态分配的内存。
- 文件映射段:包括动态库、共享内存等。

- 栈段:包括局部变量和函数调用的上下文等。

二、指针

指针类型是C语言中一种特殊的变量类型,用于存储内存地址,用"*"来定义指针类型的变量。指针类型有固定的存储长度和方式,在64位操作系统中,指针类型使用8字节无符号整数方式存储内存地址。通常所说的指针就是指针类型的变量。

1. 指针的定义

指针与普通变量一样,需要先定义再使用,定义指针要使用"*"来说明变量是一个指针类型的变量。要通过指针存取相应内存单元的数据,就需要知道此内存单元数据存储方式,即数据类型,否则无法正确存取其中的数据,所以定义指针时还需要指定指针所存地址的内存单元的数据类型。

指针的定义格式如下:

```
指向数据类型 *指针变量名;
```

一旦指针存储了某个内存单元的地址,就可以说指针"指向"了该内存单元起始的一段内存空间。

注意:① 指针的类型就是指针,与指向内存空间的数据类型无关。

② 指针存储的是地址,指针指向内存空间,其存储的是指向数据类型的数据。

例如,运行下面的程序,查看输出结果:

```
int main()
{
    char *pc;
    int *pi;
    double *pd;
    printf("指向字符型指针的长度:%d\n", sizeof pc);
    printf("指向整数型指针的长度:%d\n", sizeof pi);
    printf("指向双精度型指针的长度:%d\n", sizeof pd);
}
```

运行结果如下:

```
指向字符型指针的长度:8
指向整数型指针的长度:8
指向双精度型指针的长度:8
```

2. 指针的赋值

指针存储的是指向内存空间的第一个内存单元的地址,就是编号最小的地址,也称内存空间的首地址。

指针虽然是以无符号整数的方式存储的,但是不能直接用无符号整数为其赋值,只能使用某些返回值是指针的函数或取地址运算的结果赋值。这里先介绍取地址运算符。

C语言用"&"表示取地址运算符,在 C 语言中"&"是一个多意义的运算符,双目运算时是"位与"运算;单目运算时是取地址运算符。右结合,运算优先级为 2,作用是求变量的地址,操作数只能是变量。

例如,定义一个整型变量 a 和一个指向整型变量的指针 p,使 p 指向 a。程序片段如下:

```
int a = 10;
int * p = &a;
```

指针 p 与变量 a 在内存中的存储方式如图 7-1-2 所示。

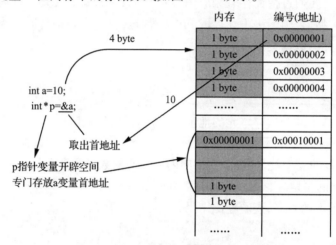

图 7-1-2　指针与指向变量在内存中的存储

使用指针是间接获取数据,使用变量名是直接获取数据,前者比后者的代价高。

3. 指针的运算

指针是一种特殊类型变量,相关运算的结果都应与内存和地址有关。

(1) 取值运算。

*:在定义变量时使用,代表这个变量是指针。作为双目运算符时,表示乘运算;作为单目运算符时,表示指针取值运算,代表指针所指向的内存空间,相当于这个内存空间的变量名。

" * "单目运算符是右结合运算符,运算优先级为 2,操作数只能是指针。

例如,"int a = 10;int * p = &a;",则 * p 就等同于变量 a,可以通过 * p 对 a 进行赋值或取值操作,即" * p = 20;"等同于"a = 20;",表达式" * p + 10"等同于"a + 10"。

(2) 指针移动。

通过将指针加或减一个整数 n,得到一个新的指针,相当于在原指针的基础上向下(加)或向上(减)偏移 n 个内存空间(与指向数据类型有关),通常在操作数组时使用。当指针移动 1 个内存空间时,可以使用" ++ "或" -- "运算符,但只能对指针操作。

例如,如果有定义"int a, * p = &a;",则

p = p + 5;p = &a - 2;

p ++ ;p -- ;

p+=3;p-=2;

这些运算都是可以的。

注:这种对一个变量的指针进行移动很危险,得到的指针没有意义。想一想,为什么?

指针移动的结果还是指针,所得到的地址取决于指针指向的数据类型。例如,对于指针p,p+n或p-n的结果是:p+n*(sizeof(指向数据类型))或p-n*(sizeof(指向数据类型))。

例如,运行下列程序代码,查看输出结果:

```c
int main()
{
    char c, * pc = &c;
    int i, * pi = &i;
    double d, * pd = &d;
    printf("字符型变量指针: %d\n", pc);
    printf("字符型变量指针+1: %d\n", pc + 1);
    printf("整型变量指针: %d\n", pi);
    printf("整型变量指针+1: %d\n", pi + 1);
    printf("双精度型变量指针: %d\n", pd);
    printf("双精度型变量指针+1: %d\n", pd + 1);
}
```

运行结果如下:

```
字符型变量指针:6422023
字符型变量指针+1:6422024      // 6422024-6422023=1   字符型变量占1字节
整型变量指针:6422016
整型变量指针+1:6422020        // 6422020-6422016=4   整型变量占4字节
双精度型变量指针:6422008
双精度型变量指针+1:6422016    // 6422016-6422008=8   双精度型变量占8字节
```

(3) 指针的关系运算。

两个指针进行比较运算,用来判断两个指针的位置关系。

三、二级指针

二级指针是一个指向指针的指针,即指针中存放的是另一个指针的地址。C语言中使用"**"定义二级指针。

1. 二级指针的格式

```
指向数据类型 **指针变量名;
```

例如：

```
int i = 10;
int * p = &i;
int ** p2 = &p;
```

上述程序代码中 p2 是二级指针，指向一级指针 p，p 指向整型变量 i，具体关系如图 7-1-3 所示。

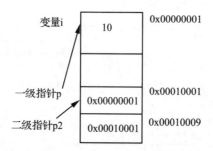

图 7-1-3　二级指针、一级指针与变量的指向关系

2．二级指针的用法

通过二级指针可以直接修改一级指针指向变量的值，也可以修改一级指针的指向。对二级指针使用两次取值运算"＊＊"可以操作一级指针指向的变量，使用一次取值运算"＊"可以操作一级指针。

例如：

```
int main( )
{
    int i = 10, j = 5;
    int * p = &i;
    int ** p2 = &p;
    ** p2 = 20;          // 相当于 i = 20;
    * p2 = &j;           // 使 p 指向 j
    ** p2 = 30;          // 相当于 j = 30
    printf("i = %d, j = %d", i, j);
}
```

运行结果如下：

i = 20, j = 30

总之，二级指针是 C 语言中的一个重要概念，它用于解决一些复杂的问题。通过使用二级指针，可以实现对指针的操作，方便管理内存空间、修改指针的值及处理复杂的数据结构。在实际的程序设计中，合理地运用二级指针，可以提高代码的可读性和可维护性，减少错误的发生。

四、特殊类型的指针

特殊类型的指针在 C 语言中有特殊的意义和广泛的应用场景。

1. 通用指针

在 C 语言中"void"类型为无类型,所以"void *"就是无类型指针。无类型指针可以指向任意类型,也称为通用指针;通用指针指向的内存可以存储任意类型的数据,但程序无法正确解读该内存中的数据,访问通用指针指向的内存会提示"invalid use of void expression"(无效使用 void 表达式)错误。所以,通用指针在使用时要强制转换为相应指向类型的指针才能正确使用。

例如:

```
int main()
{
    int a = 10;
    void * p = &a;
    printf("%d\n", * (int *) p);      // 强制转换为 int *
}
```

2. 空指针

在 C 语言中使用宏"NULL"代表空指针,它是 C 语言的保留值。指针指向 NULL,表示指针指向的地址是不可用的,既不能读取,也不能写入。在"stdio.h"中对 NULL 的定义如下:

```
#define NULL ((void *)0)
```

由定义可知,NULL 是内存空间地址为"0"的区域,0 地址是一个特殊的地址空间。在程序中,定义一个指针又没有确定指向时,可以先指向空指针(NULL)。

3. 野指针

在使用指针时,指向无效的内存空间的指针称为野指针。通常野指针形成的原因如下:

① 指针变量定义后未初始化。定义的指针变量若没有被初始化,指针变量的值是一个随机值,指向系统中任意一块存储空间,这种未知指向的指针就是野指针,若该指针非法访问内存单元,会出现程序崩溃。

② 指针指向了一个已释放的内存空间,内存空间释放后,系统可能会把该块内存空间分配给其他变量或程序,而指针却仍然指向原来空间的地址。通过该指针读/写该内存空间数据,就会发生错误。

因此,在编程中应当确保不会出现野指针,最好将未初始化的指针和释放指向内存空间的指针赋值为 NULL,防止意外操作野指针。

【任务实现】

分析:通过预备知识的学习,可以使指针 p 指向 i,然后通过 * 运算对 i 进行相关操作。

程序如下:

```c
int main( )
{
    int i, * p = &i;
    printf("请为变量 i 输入值: \n");
    scanf("%d", p);
    printf(" * p = %d\n", * p);
    printf("i = %d\n", i);
}
```

运行结果如下:

请为变量 i 输入值:
5 ↙
* p = 5
i = 5

任务 2　　使用指针操作数组

【任务目标】

知识目标:掌握指针与一维数组、二维数组之间的关系。
技能目标:能够使用指针操作数组。
品德品格:培养学生多方位思考、分工合作的思维习惯以及做事严谨的态度。

【任务描述】

通过任务 1 的学习,小明知道指针的运算大部分在数组中操作才有实际意义,那么指针与数组有什么样的对应关系,一维数组和多维数组用指针操作是否相同?

任务:使用指针为一维数组元素输入/输出值,使用指针为二维数组元素输入/输出值。

【预备知识】

在 C 语言中,指针与数组之间的关系十分密切,它们都可以处理内存中连续存放的一系列数据。数组与指针在访问内存时采用统一的地址计算方法。

一、指针与数组名

数组名记录了数组起始地址,数组一旦被定义,数组的起始地址就固定了,程序运行期间不能再被更改,所以数组名是一个指针常量,不能被赋值。

数组名是一个指向数组首地址的指针常量,具有指针的特性和操作,但作为数组名,又有一些自己的特性。

(1) 数组名之间进行算术运算和关系运算是没有意义的操作。

例如:

```
int a1[3] = {1,2,3};
int a2[3] = {4,5,6};
if(a1 > a2)
{
    a1 + a2
    a1 - a2
}
```

a1 和 a2 都是数组名,分别是两个数组的首地址,进行算术运算和比较运算可以得到结果,但没有实际的意义。

(2) 使用 sizeof 运算符对数组名计算,能得到数组所占内存的长度。

例如:

```
int a1[3] = {1,2,3};
printf("%d\n", sizeof a1);
```

此程序片段输出的结果是12(3个整型所占内存的长度),而不是8(指针类型所占内存的长度)。

(3) 对数组名进行取地址运算(&),结果是数组的首地址。

例如:

```
int a1[3] = {1,2,3};
printf("a1 的值: %d\n", a1);
printf("a1 取地址的值: %d\n", &a1);
```

上述程序片段执行后的结果如下:

```
a1 的值: 6422036
a1 取地址的值: 6422036
```

数组名是一个特殊的指针,对其执行取地址运算,结果还是数组的首地址。

二、指针与一维数组

1. 一维数组名与数组元素的关系

每一个数组元素都是一个变量,都可以使用"&"运算符进行取地址运算,得到该元素的地址。因为数组元素在内存中是连续存储的,所以在知道首地址的情况下,可以使用地址偏移的方式计算每个元素的地址。具体关系如图 7-2-1 所示。

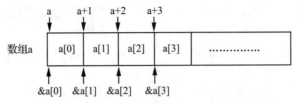

图 7-2-1　数组中元素的地址

由此可见,数组元素与地址有如下对应关系:

数组的首地址是数组名,也是第一个数组元素的地址,即 a 等价于 &a[0];

其他元素的地址对应关系:a+1 等价于 &a[1]……a+n 等价于 &a[n]。

既然可以通过地址访问变量,那么每个元素就可以用数组名访问:a[0]与 *a 等价,也可以写成 *(a+0);a[1]与 *(a+1)等价;a[n]与 *(a+n)等价。

2. 一维数组指针

数组指针是指向数组的指针,数组指针存储数组的首地址,即数组名或第一个数组元素的地址。

一维数组指针就是指向一维数组的指针,指针的指向数据类型与数组元素的数据类型相同。

例如,定义如下整型数组:

```
int a[5] = {1,2,3,4,5};
```

定义指向该数组的指针:

```
int *p1, *p2;
p1 = a;
p2 = &a[0];
```

上面这段代码,指针 p1 和 p2 都指向数组 a。

数组指针可以使用指针取值运算的方式访问数组元素,也可以和数组名一样,使用下标的方法访问数组元素。

例如,使用数组指针 p1 访问数组 a 中第 2 个元素:

```
*(p1+1)    // 指针偏移,指针取值运算访问 a[1]元素
p1[1]      // 数组指针下标方式访问 a[1]元素
p1++;      // 指针移到第 2 个元素
*p1        // 指针作取值运算,访问 a[1]元素
```

三、指针与二维数组

1. 二维数组名与数组元素的关系

二维数组名是二维数组的首地址,是常量。通过二维数组在内存中的存储方式,可以

将二维数组看作是由一维数组组成的一维数组。例如,int a[3][4]就是有 3 个元素的一维数组,每个数组元素又是有 4 个整型元素的一维数组。具体的地址关系如图 7-2-2 所示。

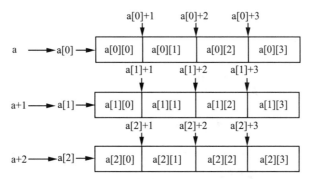

图 7-2-2 二维数组名与数组元素的关系

从图 7-2-2 中可以看出,a 指向 a[0],a[0] 指向 a[0][0],所以二维数组名是指向指针的指针,相当于二级指针常量。a[0]、a[1]、a[2]是指向一维数组的指针,可以看作是一维数组的名,是一级指针常量。也可以说,a 是由指针组成的一个指针数组,只不过数组元素是常量,不能更改。

二维数组的首地址 a、第一个一维数组的首地址 a[0]和第一个元素 a[0][0]的地址(&a[0][0])都是同一个值,但是代表的意义不同:a 是第一个一维数组的地址,指向数据类型是一维数组,是二级指针;a[0]是第一个一维数组的首地址,指向数据类型是数组元素,是一级指针;&a[0][0]是第一个数组元素的地址,与 a[0]意义相同。例如:

```
int main( )
{
    int a[3][4];
    printf("a = %d, a[0] = %d, &a[0][0] = %d\n", a, a[0], &a[0][0]);
    printf("a + 1 = %d, a[1] = %d, a[0] + 1 = %d, &a[0][0] + 1 = %d, &a[0][1]
        = %d\n", a + 1, a[1], a[0] + 1, &a[0][0] + 1, &a[0][1]);
}
```

运行结果如下:

a = 6422000, a[0] = 6422000, &a[0][0] = 6422000
a + 1 = 6422016, a[1] = 6422016, a[0] + 1 = 6422004, &a[0][0] + 1 = 6422004,
&a[0][1] = 6422004

可以看出,a、a[0]、&a[0][0]的值相同。a[0] + 1 和 &a[0][0] + 1 都与 &a[0][1] 相同,即移动到下一个数组元素;a + 1 与 a[1]相同,即移动到下一个一维数组,也可以说是移动了一行。

由图 7-2-2 也可以看出:

*a 等价于 &a[0][0]、a[0];

*(a+1)等价于&a[1][0]、a[1]；　　　　// 二维数组名+1偏移一个一维数组
　　*a+1等价于&a[0][1]、a[0]+1；　　　　// 一维数组偏移一个元素
　　**a等价于a[0][0]、*a[0]。
二维数组名a与数组元素之间的关系可以归纳为
　　a[m][n]等价于*(*(a+m)+n)
例如：

```
int main()
{
    int a[3][4] = {1,2,3,4,5,6,7,8,9,10,11,12};
    printf("*(*(a+1)+2) = %d,a[1][2] = %d\n", *(*(a+1)+2),a[1][2]);
}
```

运行结果如下：

```
*(*(a+1)+2) = 7,a[1][2] = 7
```

((a+1)+2)与a[1][2]相同,说明操作的都是同一个元素。

2. 使用指针操作二维数组

使用指针操作二维数组与操作一维数组不同,通常有如下几种方法：

（1）指针数组。

前面说过,二维数组名是一个指针数组,数组元素是常量,无法更改,那么定义一个指向类型与操作数组数据类型相同的指针数组,将二维数组中一维数组的首地址赋值给指针数组元素,就可以使用指针操作二维数组了。

指针数组定义方式如下：

```
数据类型  *数组名[元素数量]
```

例如：

```
int a[3][4] = {1,2,3,4,5,6,7,8,9,10,11,12};
int *p[3];                    // 定义相应类型的指针数组
for(int i = 0; i < 3; i++)    // 为指针数组元素赋值
    p[i] = a[i];
for(int i = 0; i < 3; i++)    // 输出行
{
    for(int j = 0; j < 4; j++)    // 输出一行的数组元素
    {
        printf("%5d", *p[i]);    // 输出指针位置的数组元素
        p[i] ++;                 // 指针移动到下一个元素
    }
    printf("\n");
}
```

运行结果如下:

```
1    2    3    4
5    6    7    8
9   10   11   12
```

(2) 行指针。

二维数组可以看作由若干固定列数的行组成,行指针就是指向一行数据的指针,行指针移动是一行一行地移动。二维数组名就是一个行指针,二维数组名是二维数组的首地址,同时指向第一行。所以可以使用行指针操作二维数组。

行指针的定义方式如下:

数据类型 (* 变量名)[每行数据数量]

注意:定义行指针时"*"和变量名一定要写成"(*变量名)",否则定义的就是指针数组。因为"[ ]"的运算优先级高于"*"。

int *p[4],首先运算的是 p[4],说明 p 是有 4 个元素的数组,再运算 int *,说明数组 p 的元素数据类型为指向整型的指针,p 是数组名,是常量。

int (*p)[4],首先运算的是 *p,说明 p 是一个指针,再运算 int [4],说明 p 是指向一行有 4 个整型数据的指针,p 是行指针,是变量。

例如:

```
int main( )
{
    int a[3][4] = {1,2,3,4,5,6,7,8,9,10,11,12};
    int (*p)[4];                    // 定义行指针
    p = a;                          // 指向第一行
    for( int i = 0; i < 3; i ++ )   // 按行输出
    {
        for( int j = 0; j < 4; j ++ )   // 输出当前行的元素
        {
            printf("%5d", *(*p+j));     // 输出当前行下标是 j 的元素
        }
        printf("\n");
        p ++;                       // 指向下一行
    }
}
```

运行结果如下:

```
1    2    3    4
5    6    7    8
9   10   11   12
```

(3) 普通指针。

普通指针只能指向数组元素,可以按指针操作一维数组的方式一行一行地操作二维数组。

例如:

```
int main()
{
    int a[3][4] = {1,2,3,4,5,6,7,8,9,10,11,12};
    int *p;
    p = *a;                          // p = a[0] 或 p = &a[0][0]
    for( int i = 0; i < 3; i ++)
    {
        for( int j = 0; j < 4; j ++)
        {
            printf("%5d", *p);
            p ++;
        }
        printf("\n");
    }
}
```

运行结果如下:

```
 1  2  3  4
 5  6  7  8
 9 10 11 12
```

以上总结了使用指针操作二维数组的几种常用方法,每种方法都有各自的优缺点,可根据需求选择合适的方法。

根据以上知识的学习,可以看出在数组中"[ ]"与"*"是等价的,操作一维数组既可以用一个"[ ]"的下标法,又可以用一个"*"的一级指针取值法;操作二维数组可以用两个"[ ]"的下标法,又可以用两个"*"的行指针取值法,还可以用一个"*"和一个"[ ]"一起的指针数组取值法。

例如,对于一维数组 int a[4],可以用 a[i]或 *(a+i)来操作数组中的下标是"i"的数组元素;而对于二维组 int b[3][4],可以用 a[i][j]或 *(*(a+i)+j)或 *(a[i]+j)或(*(a+i))[j]来操作数组中 i 行 j 列的数组元素。

注意:不能直接通过二级指针指向二维数组名来操作二维数组。

例如,有二维数组 int a[3][4]和二级指针 int **p,令 p = a,则 *(*(p+2)+2)不是 a[2][2]元素。想一想,为什么?

项目七 使用指针

【任务实现】

1. 使用指针为一维数组元素输入/输出值

程序如下:

```c
#include "stdio.h"
int main()
{
    int a[4] = {0};
    int *p = a;
    // 输入
    for(int i = 0; i < 4; i++, p++)
    {
        scanf("%d", p);
    }
    // 输出
    p = a;                          // 省略这个语句可不可以?
    for(int i = 0; i < 4; i++)
    {
        printf("%5d", *p++);
    }
}
```

运行结果如下:

```
23↙
24↙
35↙
56↙
   23   24   35   56
```

注:前四行是输入数据,最后一行是输出数据。

2. 使用指针为二维数组元素输入/输出值

程序如下:

```c
#include "stdio.h"
int main()
{
    int a[3][4] = {0};
    int (*p)[4] = a;
```

195

```
    // 输入
    for( int i = 0; i < 3; i ++, p ++)
    {
        for( int j = 0; j < 4; j ++)
            scanf("%d", *p + j);
    }
    // 输出
    p = a;
    for( int i = 0; i < 3; i ++, p ++)
    {
        for( int j = 0; j < 4; j ++)
            printf("%5d", *(*p + j));
        printf("\n") ;
    }
}
```

运行结果:

```
1    2    3    4↙
5    6    7    8↙
9   10   11   12↙
    1    2    3    4
    5    6    7    8
    9   10   11   12
```

注:前三行是输入数据,后三行是输出数据。

试一试:使用其他指针操作二维数组的方法输入/输出数据,看看你能写出几种。

【知识拓展】

在使用指针操作数组时,如果指针运算符与变量自增、自减运算符结合一起使用时,需要注意两者运算先后的问题。

*、&、++、-- 运算优先级相同,右结合,在没有( )的情况下,从右向左依次计算。

例如,假设有如下定义:

```
int a[10];
int *p = a;
```

则下面各表达式的意义如下:

*p ++:先计算 p ++,再计算 *,即取 p 指向元素 a[0]的值,然后 p 指向 a[1](++ 后置运算)。

(*p) ++:先计算 *p,再计算 ++,即取 p 指向元素 a[0]的值,然后将 a[0]的值 +1。

&p ++:先计算 p ++,再计算 &,即取 p 的地址,然后 p 指向 a[1]。
(&p) ++:先计算 &p,再计算 ++,即取 p 的地址,然后 p 的地址 +1;没有实际意义。

任务3　学会在被调函数中操作主调函数的变量

【任务目标】

知识目标:掌握指针做函数形参的意义。
技能目标:能够正确定义和调用形参是指针的函数。
品德品格:培养学生做事严谨的态度和良好的编程习惯。

【任务描述】

小明在编写程序时,经常需要交换两个变量,因此想要编写一个函数,但是在调用函数中两个变量交换的操作无法影响到主调函数中相应的变量,那么应该如何设计函数才能实现这个功能呢?

任务:设计能交换两个整型变量的函数。

【预备知识】

主调函数通过将实参的值赋值给被调函数形参的方式,将数据传递给被调函数,运行被调函数时临时为形参分配内存空间,被调函数结束时,形参的内存空间回收,所以在被调函数中改变形参的值无法影响主调函数的实参。若想在被调函数中操作主调函数中的变量,只能将主调函数中相应变量的地址当作实参,赋值给被调函数的形参,然后通过地址的取值运算,操作主调函数的变量。

一、形参是一级指针

形参是一级指针,则实参可以是相应类型变量的地址或一维数组名。
例 7-3-1　在函数中将小写字母转换成大写字母,其他字符不变。
程序如下:

```
#include "stdio.h"
/***************
函数:void up(char *pc)
功能:将小写字母转换为大写字母,其他字符不变
参数:char *pc 要转换的字符变量的地址
返回值:void 无返回值
***************/
```

```
void up( char *pc)
{
    if(*pc >= 'a' && *pc <= 'z')
        *pc = *pc - 32;
}

int main()
{
    char c;
    scanf("%c", &c);
    up(&c);
    printf("转换后的字符为:%c", c);
}
```

运行结果如下:

d↙
转换后的字符为:D

例 7-3-2　通过函数为一维数组输入值。

程序如下:

```
#include "stdio.h"
/**********
函数名: void input( int *a, int n)
函数名: void out( int *a, int n)
函数定义参见项目六中的任务3
**********/
int main()
{
    int a[12];
    printf("请输入数据\n");
    // 输入
    input(a, 12);
    // 输出
    printf("数组数据为\n");
    out(a, 12);
}
```

运行结果如下:

请输入数据
1 2 3 4 5 6 7 8 9 10 11 12
数组数据为
1　2　3　4　5　6　7　8　9　10　11　12

想一想：若以5个数据一行的形式输出数据,则应该怎么改?

二、形参是行指针

如果要在函数中处理二维数组,则函数的形参须定义为行指针,调用此函数时实参为二维数组名。

例如,使用函数操作数组的输入/输出。

程序如下：

```
#include "stdio.h"
#define N 5        // 二维数组每行元素个数
/********** 函数名: void input( int (*a)[N], int n)
函数定义参见项目六中的任务3
*********/
/**********
函数名: void out( int (*a)[N], int n)
函数定义参见项目六中的任务3
*********/
int main( )
{
    int a[3][N];
    printf("请输入数据: \n");
    input( a, 3);
    printf("数组数据为\n") ;
    out( a, 3) ;
}
```

运行结果如下：

请输入数据:
1 2 3 4 5
6 7 8 9 10
11 12 13 14 15
数组数据为
1　　2　　3　　4　　5
6　　7　　8　　9　　10
11　　12　　13　　14　　15

【任务实现】

程序如下：

```c
#include "stdio.h"
/*函数: void swap(int *num1, int *num2)
功能: 交换两个整数变量
参数: int *num1, int *num2 为要交换的两个变量的地址
返回值: void 无返回值     */
void swap(int *num1, int *num2)
{
    int temp;
    temp = *num1;
    *num1 = *num2;
    *num2 = temp;
}

int main()
{
    int a, b;
    printf("请输入两个整数:\n");
    scanf("%d%d", &a, &b);
    swap(&a, &b);
    printf("交换后两个变量的值:%d,%d", a, b);
}
```

运行结果：

请输入两个整数:
23 45 ✓
交换后两个变量的值:45,23

项目七　使用指针

任务 4　动态创建一维数组

【任务目标】

知识目标:掌握返回值为指针的函数的使用方法,掌握 C 语言中动态管理内存的函数的使用方法。

技能目标:能够正确定义和调用返回值是指针的函数,能够正确使用动态管理内存的函数。

品德品格:培养学生做事有始有终的态度和良好的编程习惯。

【任务描述】

小明在编写程序时,需要根据要求动态使用一维数组,编写一个函数,实现动态生成一个整型一维数组。

任务:设计实现动态生成整型一维数组功能的函数。

【预备知识】

一、设置函数返回值为指针

有些时候需要调用函数后返回一个内存地址,这种情况下就需要将函数的返回值类型设置为指针。

定义格式如下:

```
数据类型 *函数名(参数列表)
{
    函数体
}
```

注意:不能返回函数内局部变量(除静态变量)的地址。

二、动态管理内存函数

在编写程序时,所有用到的变量都需要先定义,不能在程序运行时定义,定义之后不能再更改数据类型。需要有一种更灵活的内存管理方式,也就是可以动态管理内存。C 语言提供了几个库函数用以实现动态内存管理,使用这些函数时需要包含"stdlib.h"头文件。

1. malloc( )函数:申请动态内存空间

函数原型如下:

```
void * malloc( size_t size);
```

malloc()函数向系统申请分配 size 字节长度的内存空间。若申请成功,就返回一个指向这段空间的 void 类型的指针(void *);若申请失败,就返回 NULL。

参数 size 为正整数,是要申请内存空间的长度。

malloc()函数返回值是一个 void 类型的通用指针,就是一个无类型的指针。可以指向任何数据类型,使用时需要转化为目标类型的指针。

注意:malloc()函数申请的内存空间是未初始化的,使用前需要先赋值或初始化;malloc()函数申请内存空间是连续的,可以用数组的方式使用这段内存。

例 7-4-1 malloc()函数应用示例。

程序如下:

```c
#include "stdio.h"
#include "stdlib.h"
int main()
{
    void * p;
    p = malloc(-1);
    printf("申请内存失败:%p\n", p);
    // 输出 0000000000000000,申请内存失败, p = NULL
    int * pi = (int *) malloc(4);
    // malloc()函数返回的是通用指针,使用时需要强制转换类型
    printf("未初始化的值:%d\n", * pi);
    // malloc()函数申请的内存空间未初始化,值是不可预知的值
    int * pa = (int *) malloc(sizeof(int) * 5);
    // 以数组方式操作申请的内存
    for(int i = 0; i < 5; i++)
        pa[i] = i + 1;                          // 赋值
    printf("以数组方式输出:\n");
    for(int i = 0; i < 5; i++)
        printf("%d ", pa[i]);                   // 输出
    free(pi);                                   // 释放指针 pi
    free(pa);                                   // 释放指针 pa
}
```

运行结果如下:

申请内存失败:0000000000000000
未初始化的值:1577952
以数组方式输出:
1 2 3 4 5

2. calloc( )函数：申请并初始化内存空间

函数原型如下：

```
void * calloc( size_t nmemb, size_t size);
```

calloc( )函数在内存中动态申请 nmemb * size 的连续内存空间，并且把这些内存空间全部初始化为 0。此函数功能与 malloc( )函数相似，区别是 calloc( )函数初始化分配的内存空间，而 malloc( )函数不初始化分配的内存空间。此函数一般用于动态数组的创建。

参数 nmemb 是指定长度内存空间的个数；参数 size 是指定的内存长度。

calloc( )函数的返回值也是一个 void 类型的通用指针，使用方式与 malloc( )函数相同。

例 7-4-2 calloc( )函数应用示例。

程序如下：

```c
#include "stdio.h"
#include "stdlib.h"
int main()
{
    int * pa = (int *) calloc(5, sizeof(int));
    // calloc( )函数返回的是通用指针，使用时需要强制转换类型
    printf("以数组方式输出: \n");
    // calloc( )函数申请的空间直接会初始化为0，可直接使用
    for( int i = 0; i < 5; i ++)
        printf("%d ", pa[i]);          // 输出 0
    free( pa);                          // 释放指针 pa
}
```

运行结果如下：

```
以数组方式输出:
0 0 0 0 0
```

3. realloc( )函数：重新分配内存空间

如果指定的内存空间不够用，需要扩展，这时就需要用 realloc( )函数重新分配内存空间。

函数原型如下：

```
void * realloc( void * ptr, size_t size);
```

realloc( )函数将原内存空间的数据复制到新的内存空间，并返回新的内存空间指针。参数 ptr 是原内存的地址；参数 size 是新分配的内存空间的长度。

realloc( )函数的返回值是一个 void 类型的通用指针，使用方式与 malloc( )函数相同。

注意：

① 如果参数 ptr 为 NULL，那么 realloc( )函数就相当于调用 malloc(size)；如果 ptr 不

为 NULL,ptr 的值必须是调用 malloc( )、calloc( )或 realloc( )函数的返回值。

② 如果参数 size 为 0,并且参数 ptr 不为 NULL,那么调用 realloc( )函数就相当于调用 free(ptr)。

③ 如果新分配的空间大于原内存空间,则原内存空间的数据将直接拷贝过去,数据就不会发生改变;如果新空间小于原内存空间,则有可能会导致数据丢失,需要谨慎使用。

例 7-4-3 realloc( )函数应用示例。

程序如下:

```
#include "stdio.h"
#include "stdlib.h"
int main()
{
    int * pa = ( int * ) calloc( 5, sizeof( int ) );
    // 分配有 5 个 int 类型元素的数组
    for( int i = 0; i < 5; i ++ )
        pa[ i ] = i + 1;              // 为数组元素赋值
    int * pa1 = ( int * ) realloc( pa, 10 * sizeof( int ) );
    // 重新分配有 10 个 int 类型元素的数组
    for( int i = 5; i < 10; i ++ )
        // 为新增加的数组元素赋值,原有数据不变
        pa1[ i ] = i + 1;
    printf( "输出新数组: \n" );
    for( int i = 0; i < 10; i ++ )
        printf( "%d ", pa1[ i ] );    // 输出
    free( pa );                       // 释放指针
    free( pa1 );
}
```

运行结果如下:

输出新数组:
1 2 3 4 5 6 7 8 9 10

4. free( )函数:释放动态内存空间

malloc( )函数申请的内存空间是位于内存的"堆"上,如果不主动释放堆上的数据,那这个数据就会一直存在,直至程序运行完毕。所以当不需要这块内存的时候一定要记得释放它,不然容易造成内存泄漏。

函数原型如下:

void free(void * ptr);

free( )函数释放 ptr 参数指向的内存空间。该内存空间必须是由 malloc( )、calloc( )和 realloc( )函数申请的;否则,该函数将导致未定义行为。如果 ptr 参数是 NULL,则不执

行任何操作。

参数 ptr 为要释放的内存指针。

返回值:无返回值。

注意:该函数并不会修改 ptr 参数的值,所以调用后它仍然指向原来的地方,只是这个内存空间已经被释放了,所以释放后的指针就是一个野指针。

【任务实现】

分析:通过预备知识的学习,知道通过动态内存管理函数分配的内存空间,在调用 free()函数释放前,内存空间可以一直使用。所以可以在函数中通过 malloc()或 calloc()函数申请一维数组的内存空间,对比两个函数的使用特点,要完成此任务,优先使用 calloc()函数。

程序如下:

```
#include "stdio.h"
#include "stdlib.h"
/***************
函数: int * creatIntArry( int n)
功能:创建有 n 个整型元素的一维数组
参数: int n 一维数组的长度
返回值: int * 返回一维数组的首地址
***************/
int * creatIntArry( int n)
{
    int * p;
    p = ( int * ) calloc( n, sizeof( int ) );
    return p;
}
/**********
函数名: void input( int * a, int n)
函数名: void out( int * a, int n)
函数定义参见前面程序
*********/
int main( )
{
    int n;
    printf("请输入一维数组元素个数: \n");
    scanf("%d", &n);
    int * p = creatIntArry( n );
    printf("请输入一维数组元素的值: \n");
```

```
        input( p, n);
        printf("数组数据为\n");
        out( p, n);
        free( p);
}
```

运行结果如下:

请输入一维数组元素个数:
5✓
请输入一维数组元素的值:
1 2 3 4 5✓
数组数据为
1   2   3   4   5

任务5　用函数指针操作函数

【任务目标】

知识目标:掌握函数指针的定义和使用方法。
技能目标:能够正确定义和使用函数指针。
品德品格:培养学生对共性与个性有正确的认识,以及良好的编程习惯。

【任务描述】

小明经过前面的学习,了解到程序代码也是存放在内存中的,那么是否可以通过地址直接调用函数呢?

【预备知识】

一、函数名与函数的地址

程序在运行时,程序代码会被读取到一段内存中,程序中的每个函数都占用一段连续的内存空间,函数名就是对应函数的首地址。

与数组名类似,函数名的值与对函数名进行取地址运算得到的值是相同的。

例7-5-1　函数调用方式示例。

程序如下:

```
#include "stdio.h"
int fn( int a, int b)
{
    return a + b;
}
int main( )
{
    printf("fn 的值: %p\n&fn 的值: %p" , fn, &fn);
}
```

运行结果如下：

fn 的值:0000000000401550
&fn 的值:0000000000401550

二、函数指针

既然函数名是函数的地址，那么就可以使用指针存放函数地址，然后通过指针调用函数。

指向函数的指针就是函数指针。

1．函数指针定义方式

返回值类型 (*指针名)(参数列表);

返回值类型是指函数的返回值类型；参数列表可以同时给出参数的类型和名称，也可以只给出参数的类型，省略参数的名称。

注意：

① "( )"的优先级高于"*"，第一个括号不能省略，否则就是定义返回值类型是指针的函数。

② 函数指针只能指向返回值类型和参数列表与指针的定义相同的函数。

2．函数指针的使用

可能使用函数指针直接调用该指针指向的函数，通常有显示调用和隐式调用两种方式：

显示调用：(*函数指针)(实参列表)

隐式调用：函数指针(实参列表)

例 7-5-2 函数指针应用示例。

程序如下：

```c
#include "stdio.h"
int fn( int a, int b)
{
    return a + b;
}

int main()
{
    int (*pf)(int, int);
    pf = fn;
    int a, b;
    printf("请输入两个整数: \n");
    scanf("%d%d", &a, &b);
    printf("函数名方式调用函数: %d + %d = %d\n", a, b, fn(a, b));
    printf("隐式函数指针方式调用函数: %d + %d = %d\n", a, b, pf(a, b));
    printf("显式函数指针方式调用函数: %d + %d = %d\n", a, b, (*pf)(a, b));
    // 注意要写成(*pf),而不能写成 *pf
}
```

运行结果如下:

请输入两个整数:
5 6↙
函数名方式调用函数: 5 + 6 = 11
隐式函数指针方式调用函数: 5 + 6 = 11
显式函数指针方式调用函数: 5 + 6 = 11

三、函数指针数组

具有相同返回值和参数列表的函数可以称为具有相同特征的函数。具有相同特征的不同函数就可以使用同一类型的函数指针调用,也可以使用指针数组来调用。

函数指针数组的定义格式如下:

返回值类型 (*指针数组名[数组长度])(参数列表);

例 7-5-3 函数指针数组应用示例。

程序如下:

```c
#include "stdio.h"
#include "math.h"
int main()
{
    double (*pf[3])(double) = {ceil, floor, sqrt};
```

```
    double x;
    printf("请输入一个数: \n");
    scanf("%lf", &x);
    printf("%lf 向上取整的值: %lf\n", x, pf[0](x));  // ceil 函数
    printf("%lf 向下取整的值: %lf\n", x, pf[1](x));  // floor 函数
    printf("%lf 平方根的值: %lf\n", x, pf[2](x));    // sqrt 函数
}
```

运行结果如下：

```
请输入一个数:
4.3↙
4.300000 向上取整的值: 5.000000
4.300000 向下取整的值: 4.000000
4.300000 平方根的值: 2.073644
```

【任务实现】

分析：设计四则运算的函数，定义函数指针数组，根据选择，执行某种运算，输出结果。

程序如下：

```
#include "stdio.h"
/***************
    函数: double add(double num1, double num2)
    功能: 两个数求和
    参数: double num1, double num2 为求和运算的两个数
    返回值: double 返回两个数的和
***************/
double add(double num1, double num2)
{
    return num1 + num2;
}
/***************
    函数: doule minus(double num1, double num2)
    功能: 两个数求差
    参数: double num1,被减数; double num2,减数
    返回值: double 返回两个数的差
***************/
double minus(double num1, double num2)
```

```
{
    return num1-num2;
}
/***************
    函数: doule multiply( double num1, double num2)
    功能: 两个数求乘积
    参数: double num1, 乘数 1; double num2, 乘数 2
    返回值: double 返回两个数的积
****************/
double multiply( double num1, double num2)
{
    return num1 * num2;
}
/***************
    函数: doule divide( double num1, double num2)
    功能: 两个数求商
    参数: double num1, 被除数; double num2, 除数
    返回值: double 返回两个数的商
****************/
double divide( double num1, double num2)
{
    if( num2 ==0)
    {
        printf("错误:除数为零!!");
        return 0;
    }
    else
        return num1/num2;
}

int main( )
{
    int menu;         /*定义变量 menu,存储选择的菜单选项*/
    double num1, num2;      /*定义两个操作数变量*/
    char opere[4] = {'+','-','*','/'};/*定义运算符数组,存储四则运算符*/
    /*定义运算函数指针数组,存储四则运算函数*/
```

```c
        double (*pf[4])(double, double) = {add, minus, multiply, divide};
        while(1)
        {
            printf("*******************************\n");
            printf("简单计算器菜单功能 \n");
            printf("*******************************\n");
            printf("1------加法运算 \n");
            printf("2------减法运算 \n");
            printf("3------乘法运算 \n");
            printf("4------除法运算 \n");
            printf("0------退 出 \n");
            printf("*******************************\n");
            printf("  请选择菜单功能(0...5): ");
            scanf("%d", &menu);
            if(menu==0) break;
            printf("请输入运算数:");
            scanf("%lf%lf", &num1, &num2);
            printf("计算结果: %lf %c %lf = %lf\ n"
                , num1, opere[menu-1], num2, pf[menu-1](num1, num2));
        }
}
```

运行结果如下：

```
*******************************
 简单计算器菜单功能
*******************************
 1------加法运算
 2------减法运算
 3------乘法运算
 4------除法运算
 0------退 出
*******************************
请选择菜单功能(0...5): 1
请输入运算数:5  6↙
计算结果:5.000000 + 6.000000 = 11.000000
*******************************
 简单计算器菜单功能
*******************************
```

```
            1 ------ 加法运算
            2 ------ 减法运算
            3 ------ 乘法运算
            4 ------ 除法运算
            0 ------ 退 出
       ***********************************
       请选择菜单功能(0...5)：3
       请输入运算数：2  4 ✓
       计算结果：2.000000 * 4.000000 = 8.000000
       ***********************************
            简 单 计 算 器 菜 单 功 能
       ***********************************
            1 ------ 加法运算
            2 ------ 减法运算
            3 ------ 乘法运算
            4 ------ 除法运算
            0 ------ 退 出
       ***********************************
       请选择菜单功能(0...5)：0
```

项目小结

本项目通过 5 个任务，介绍了内存地址、C 语言虚拟内存、指针的使用方法、特殊指针、指针与数组的关系、指针在函数中的使用、动态操作内存的函数、函数指针等有关 C 语言操作内存的相关知识。

拓展阅读

华罗庚(1910 年—1985 年)，数学家，中国科学院院士，美国国家科学院外籍院士，第三世界科学院院士，联邦德国巴伐利亚科学院院士，中国科学院数学研究所研究员、原所长，曾任全国政协副主席。

1946 年到 1950 年，华罗庚在美国做访问研究期间，将数学和计算机作为重点关注的对象。他熟知计算机在二战期间对弹道计算、核武器研制、密码破译等都发挥了重要作用，敏锐地意识到计算机对经济社会和国防事业的发展将发挥巨大作用。

1952 年，华罗庚担任中国科学院数学研究所所长，提出设立当时还是空白的计算数学方向，并开始酝酿计算机研究方向。他指出："计算数学是为其他各部门需要冗长计算的科学尽服务功能的一门学问，我们必须想尽方法来发展它。"同年 10 月，数学所召开我国第一次计算机工作会议,华罗庚在会上首次明确提出要成立计算机工作组研制计算机。

1956 年是我国计算机发展史上的一个重要里程碑。周恩来总理亲自主持制定了第一个科技发展规划,即《1956—1967 年科学技术发展远景规划纲要》,将"计算技术的建立"列为 57 项重大科技任务之一,并将电子计算机确定为"电子计算机、半导体、无线电电子学和自动化技术"四大紧急措施之首。

1956 年,时任国务院副总理陈毅批准成立中国科学院计算技术研究所筹备委员会,华罗庚任主任。1956 年秋天,计算所筹备委员会成立程序设计组,这是我国最早专门从事软件研发的团队,也是 1985 年成立的中国科学院软件研究所的前身。1958 年,我国研制成功第一台通用数字电子计算机"103 机",这标志着我国第一台现代电子计算机的诞生。《人民日报》对此作了专题报道,宣布"我国计算技术不再是空白学科"。

课后习题

一、单选题

1. 若数组名作实参而指针变量作形参,则函数调用实参传给形参的是(　　)。
   A. 数组的长度　　　　　　　　B. 数组第一个元素的值
   C. 数组所有元素的值　　　　　D. 数组第一个元素的地址
2. 变量的指针是指变量的(　　)。
   A. 值　　　　　B. 地址　　　　　C. 存储　　　　　D. 名字
3. 若有说明"int *p,m=5,n;",则下列程序段正确的是(　　)。
   A. p=&n;
      scanf("%d",&p);
      *p=n;*p=m;
   B. p=&n;
      scanf("%d",*p);
   C. scanf("%d",&p);
   D. p=&n;
4. 若"int *p,a;",则语句"p=&a;"中的运算符 & 的含义是(　　)。
   A. "位与"运算　　　　　　　　B. "逻辑与"运算
   C. 取指针内容　　　　　　　　D. 取变量地址
5. 下列选项不属于指针变量 p 的常用运算的是(　　)。
   A. p++　　　　　B. p*1　　　　　C. p--　　　　　D. p+2
6. 当 p 为指针变量时,*p++(　　)。
   A. 相当于(*p)++,先取 p 所指变量的值,再使该值加 1
   B. 相当于(*p)++,先使 p 值加 1,再取 p 所指的变量的值
   C. 相当于*(p++),先取 p 所指变量的值,再使 p 值加 1
   D. 相当于(*p)++
7. 执行下列程序后,下列说法正确是(　　)。

```
int a[15]={1,2,3,4,5},*p;
p=a; p++;
```

A. p ++ 可用 a ++ 替代　　　　　B. *p 与 *a(++)相同
C. *p 的值是 2　　　　　　　　D. *p 的值是 1

8. 若有以下说明：

int a[10] = {1,2,3,4,5,6,7,8,9,10}, *p = a;

则数值为 6 的表达式是(　　　)。
A. *p +6　　　B. *(p +6)　　　C. *p + =5　　　D. p +5

9. 若有以下说明：

int w[3][4] = {{0,1},{2,4},{5,8}};
int (*p)[4] = w;

则数值为 4 的表达式是(　　　)。
A. *w[1] +1　　　　　　　　B. p ++ , *(p +1)
C. w[2][2]　　　　　　　　　D. p[1][1]

10. 若有以下说明和语句：

```
void main()
{
    int t[3][2], *pt[3], k;
    for( k =0; k <3; k ++) pt[ k] = t[ k];
}
```

则下列选项能正确表示 t 数组元素地址的表达式是(　　　)。
A. &t[3][2]　　　B. *pt[0]　　　C. *(pt +1)　　　D. &pt[2]

二、判断题

1. 指针变量实际上存储的并不是具体的值,而是变量的内存地址。　　　(　　)
2. 数组名中存放的是数组内存中的首地址。　　　　　　　　　　　　(　　)
3. 使用字符指针和字符数组来存储字符串时,二者没有区别。　　　　(　　)
4. 函数指针可以作为函数的参数。　　　　　　　　　　　　　　　　(　　)
5. 若有定义"char *p(char a[10]);",则 p 是函数名。　　　　　　　　(　　)
6. "int *p;"和"printf("%d", *p);"中的 *p 含义相同。　　　　　　　(　　)

三、填空题

1. 在 C 语言中专门有一种变量用于存放其他变量的地址,这种变量称为_____。
2. 指针的加减运算实质上是在内存中移动某个数据类型所占的_____。
3. 在 C 语言中,有一个特殊的运算符可以获取内存地址,该运算符是_____。
4. 当使用指针指向一个函数时,这个指针就称作_____。
5. 指向指针的指针被称为_____。

6. 若有以下说明和语句,则 * --p 的值是_____。

```
int a[4] = {0,1,2,3}, *p;
p = &a[2];
```

7. 若有"int a[2][3] = {2,4,6,8,10,12};",则 *(&a[0][0]+2*2+1)的值是_____,*(a[1]+2)的值是_____。

四、编程题

1. 编写函数,求 10 个整数的最大值和最小值。
2. 编写函数,将 4*4 的矩阵转置。

项目八 认识字符串

任务1 了解字符串

子任务1-1 区分字符数组与字符串

【任务目标】

知识目标:能正确区分字符数组与字符串。
技能目标:会利用字符数组和字符串解决编程问题。
品德品格:细节决定成败,在编程中培养做事严谨的学习和工作态度。

【任务描述】

使用字符数组和字符串两种形式,向控制台输出"Hello C"。

【预备知识】

一、字符数组的定义和初始化

字符数组的定义、初始化及引用方式与一维数组和二维数组基本一样,字符数组的数组元素的类型为字符型。

1. 字符数组的定义格式

```
char 数组名[常量表达式];                    // 一维字符数组
char 数组名[常量表达式1][常量表达式2];        // 二维字符数组
```

以一维字符数组语法格式为例,其中的"char"表示字符数据类型,"数组名"表示数组的名称,其命名原则遵循标识符的命名规范,"常量表达式"表示数组中存放元素的个数。例如:

```
char ch[6];
```

该语句定义了一个元素个数为6的字符数组,可以存放6个字符型数据。

2. 字符数组的初始化

在定义字符数组的同时也可以对数组中的元素进行赋值,这个过程称为字符数组的初始化。例如:

```
char ch[6] = {'h', 'e', 'l', 'l', 'o', '!'};
```

上面的示例代码的作用就是定义一个包含6个字符的数组 ch,同时进行赋初值,该字符数组在内存中的状态如图 8-1-1 所示。

ch[0]	ch[1]	ch[2]	ch[3]	ch[4]	ch[5]
h	e	l	l	o	!

图 8-1-1 字符数组 ch 的元素分配情况

注意:① 初始项不能多于字符数组的大小,否则编译器会报错。例如:

```
char ch[2] = {'a', 'd', 'q'};             // 写法错误
```

② 如果初始项值少于数组长度,则空余元素均被赋值为空字符('\0')。例如:

```
char ch[5] = {'a', 'd', 'q'};             // 后面剩余的两个元素均被赋值'\0'
```

ch 数组在内存中的状态如图 8-1-2 所示。

ch[0]	ch[1]	ch[2]	ch[3]	ch[4]
a	d	q	\0	\0

图 8-1-2 字符数组 ch 在内存中的状态

例 8-1-1 字符数组的定义及初始化示例。

```
① char c[10];                             // c 为一维字符数组
② char str[5][10];                        // str 为二维字符数组
③ char c[10] = {"China"};
④ char c[6] = {'C', 'h', 'i', 'n', 'a', '\0'};
⑤ char c[6] = "China";
⑥ char c[] = "China";                     // c 数组的大小为6
```

说明:程序第③~⑥行等价,都是对字符数组 c 的初始化,初始化完成后,c 数组元素

的值依次是:c[0] = 'C',c[1] = 'h',c[2] = 'i',c[3] = 'n',c[4] = 'a',c[5] = '\0'。

二、字符串的存储形式和输入/输出

1. 字符串和字符串结束标志

字符串是由数字、字母、下划线、空格等各种字符组成的一串字符,由一对英文半角状态下的双引号("")括起来。字符串在末尾都默认有一个"\0"作为结束符。"\0"是指ASCII 为 0 的字符,这个字符不是普通的可显示的字符,而是一个空操作符,它不进行任何操作,只是作为一个标记。例如:

```
"abcde";        // 在数组中存放的形式如图 8-1-3 所示
" ";
```

| a | b | c | d | e | \0 |

图 8-1-3 "abcde"字符串在数组中的存储形式

上面定义的两行代码都是字符串,只是第二个字符串中的字符都是空格。

字符串在各种语言编程中都是非常重要的数据类型。C 语言中只有字符串常量,没有字符串变量,字符串不是存放在一个变量中,而是存放在一个字符数组里。

了解了字符串的含义,即可明确在不同的初始化方法下数据存放的区别。例如:

```
char c[ ] = {'C',' ','p','r','o','g','r','a','m'};
char c[ ] = "C program";
```

这两种初始化方式的区别在于,末尾是否有一个字符串结束标志"\0",这样不仅会导致两个字符数组有一个元素不同,还会导致字符数组长度不同,如图 8-1-4 所示。

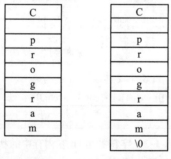

逐个初始化　　字符串初始化

图 8-1-4 不同初始化方式下数据在字符数组中的存储

字符串与字符数组的关系:

① 一个字符串就是一个一维字符数组。
② 一个一维字符数组不一定是字符串。
③ 字符串的长度不是字符数组的长度。
④ 可以使用一个字符串为一维字符数组初始化。

2. 字符数组的输入/输出

字符数组的输入/输出有两种方法:

(1) 逐个字符的输入/输出。

在 scanf( )函数和 printf( )函数中,用格式符"%c"控制输入或输出字符。例如:

用 scanf( )函数输入,程序如下:

```
char a[10];
for(i = 0; i < 9; i ++)
    scanf("%c", &a[i]);
```

用 printf( )函数输出,程序如下:

```
char a[10];
for(i = 0; i < 9; i ++)
    printf("%c", &a[i]);
```

(2) 整个字符串的输入/输出。

在 scanf( )函数和 printf( )函数中,用格式符"%s"控制输入或输出一个字符串。例如:

用 scanf( )函数输入,程序如下:

```
char a[10];
scanf("%s", a);      // 数组名 a 的前面没有 &
```

用 printf( )函数输出,程序如下:

```
char c[ ] = "C program";
printf("%s", c);
```

说明:① 在 scanf( )函数和 printf( )函数中使用格式符"%s"输入/输出字符串时,使用数组名,而不是数组元素名。并且,在 scanf( )函数中,数组名前不加"&",因为数组名本身就代表了数组的起始地址。

② 在输出字符串时,使用格式符"%s",输出的字符串以"\0"结尾时,如果数组长度大于字符串的实际长度,也只输出到"\0"为止。

③ 如果一个字符数组中包含了一个以上的"\0",则遇见第一个"\0"时就结束。

【任务实现】

针对本任务的程序如下:

```
#include <stdio.h>
main( )
{
    char c[ ] = "Hello C!";      // 定义一个字符串,并进行初始化
    int i;
```

```
        for (i=0;i<9;i++)              // 用字符数组的形式输出
            printf("%c", c[i]);
    printf("\n*********\n");            // 分隔线
    printf("%s", c);                    // 用字符串的形式输出
}
```

运行结果如下：

Hello C!
****
Hello C!

子任务1-2 区分字符数组与字符指针

【任务目标】

知识目标：能正确区分字符数组与字符指针。

技能目标：在实际编程过程中，可以根据字符数组与字符指针的区别，合理使用字符数组和字符指针。

品德品格：善于思考，活学活用，学以致用。

【任务描述】

自定义一个具有字符串替换功能的函数，使用 for 循环从指定位置遍历字符串"Good morning"，使用字符串"evening"中的字符替换掉字符串"Good morning"中的"morning"字符串。主函数中调用字符串替换函数，最后将替换后的字符串输出到屏幕上。

【预备知识】

字符串用字符数组存储，也可以取数组地址，赋给字符串型指针。字符数组与字符指针围绕着字符串有着千丝万缕的联系，二者之间既有区别，又有联系。

一、存储方式

字符数组在用字符串初始化时，这个字符串就存放在了字符数组开辟的内存空间内；而字符指针变量在用字符串常量初始化时，指针变量中存储的是字符串的首地址，但字符串存储在常量区。举例说明如下：

```
char str[6] = "hello";
char * p = "hello";
```

上面两行代码中定义的变量在内存区的存储方式如图8-1-5所示。

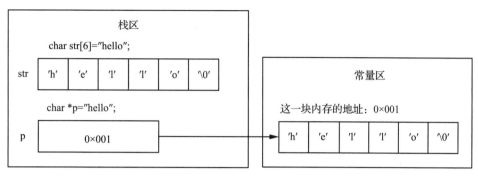

图 8-1-5　字符数组与字符指针的字符串的存储方式

字符数组 str 在使用字符串常量"hello"初始化时,字符串存储在栈区,而指针变量 p 在使用字符串常量"hello"初始化时,栈区只存放了字符串的首地址,字符串存储在常量区。存储在栈区、堆区和静态区上的数据是可以更改的,存储在常量区的数据只能在定义时赋值,且一旦赋值就不能再更改。

二、初始化及赋值方式

1．初始化方式

可以对字符指针变量赋值,但不能对数组名赋值。例如:

```
char * p = "hello";       // 等价于 char * p; p = "hello";
char str[6] = "hello";    // char str[6]; str = "hello"; 这种写法是错误的
```

2．赋值方式

使用数组定义的字符串只能通过为数组中的元素逐一赋值或通过调用赋值函数的方式来赋值,而使用指针定义的字符串还可以直接赋值。例如:

```
char * p1 = "hello", * p2; p2 = p1;
char str[6] = "hello", str2[6]; str2 = str1; // 错误,数组不可以直接这样赋值
```

三、字符指针与数组名

字符指针变量的值是可以改变的,而数组名是一个指针常量,其值不可以改变。例如:

```
char * p = "I love C program";
P += 7;
```

对字符数组 char str[6] = "hello"来说,数组名是常量指针,不可以改变。

四、字符串中字符的引用

可以使用下标法和地址法引用数组元素,同样,也可以使用地址法、指针变量加下标法来引用字符串的字符元素。例如:

```
char * str[20] ="I love C program";
char ch1 = str[6];
char * p ="I love C program";
char ch2 = p[6];   // 等价于 char ch2 = *(p+6);
```

【任务实现】

程序如下：

```c
#include <stdio.h>
char * MyReplace(char * s1, char * s2, int pos)  // 自定义的替换函数
{
    int i, j;
    i = 0;
    for(j = pos; s1[j] != '\0'; j++)         // 从原字符串指定位置开始替换
    {
        if(s2[i] != '\0')                     // 判断有没有遇到结束符
        {
            s1[j] = s2[i];                    // 将替换内容逐个放到原字符串中
            i++;
        }
        else
            break;
    }
    return s1;
}
int main()
{
    char str1[50] = "Good morning!";
    char str2[50] = "evening";
    int position;                             // 定义整型变量储存要替换的位置
    printf("Before the replacement: \n%s\n", str1);   // 替换前的字符串
    printf("Please input the position you want to replace: \n");
    scanf("%d", &position);                   // 输入开始替换的位置
    MyReplace(str1, str2, position);          // 调用替换字符串的函数
    printf("After the replacement: \n%s\n", str1);    // 替换后的字符串
}
```

运行结果如下:

Before the replacement:
Good morning!
Please input the position you want to replace:
5 ↙
After the replacement:
Good evening!

试一试:查找输入的字符串中有无字母"a"。

任务2　处理字符串数据

【任务目标】

知识目标:掌握常用字符串函数的语法。
技能目标:会灵活使用字符串处理函数,具备资源整合的能力。
品德品格:领悟"纸上得来终觉浅,绝知此事要躬行"的含义,培养实践能力。

【任务描述】

判断一个字符串是否为回文。回文是指顺读和倒读都是一样的字符串。例如,"happyppah"为回文。

【预备知识】

C语言提供了丰富的字符串处理函数,如字符串的输入、输出、合并、修改、比较、转换、复制等,用于输入/输出的字符串函数,在使用前应包含头文件"stdio.h",使用其他字符串函数则应该包含头文件"string.h"。

一、字符串的输入/输出

在前面章节中,我们学习了 printf( )和 scanf( )函数,他们分别用于向控制台输出内容和从控制台上接收用户的输入。针对字符串的读取和输出,C语言还专门提供了 puts( )函数和 gets( )函数。

1. 字符串输入函数 gets( )
调用格式如下:

gets(字符数组名)

函数功能:从键盘上输入一个字符串,并以回车结束,存入指定的字符数组中。本函数得到一个函数值,即为该字符数组的首地址。

说明:gets()函数读取的字符串,其长度没有限制,编程者要保证字符数组有足够大的空间存放输入的字符串。该函数输入的字符串中允许包含空格,而 scanf()函数不允许。

例 8-2-1　读取用户输入的电话号码。

程序如下:

```
#include <stdio.h>
void main()
{
    char phoneNumber[11];
    printf("请输入手机号码:");
    gets(phoneNumber);
    printf("您的手机号码是: %s\n", phoneNumber);
}
```

运行结果如下:

请输入手机号码: 13812345678✓
您的手机号码是: 13812345678

2. 字符串输出函数 puts()

调用格式如下:

puts(字符数组名)

函数功能:向控制台输出一整行字符串,即在屏幕上显示该字符串,并用"\n"取代字符串的结束标志"\0"。所以用 puts()函数输出字符串时,不要求另加换行符。

说明:字符串中允许包含转义字符,输出时产生一个控制操作。该函数一次只能输出一个字符串。而 printf()函数也能用来输出字符串,且一次能输出多个。

例如:

char s[] = "Good morning!";
puts(s);

输出字符串时,字符串结束标志"\0"转换为换行符"\n",即输出字符串后换行。

例 8-2-2　用 gets()函数输入一个字符串,然后用 puts()函数输出它。

程序如下:

```
#include <stdio.h>
void main()
{
    char buf[100];
    puts("请输入一个字符串:");
    gets(buf);
    puts("您输入的是:\n");
    puts(buf);
}
```

运行结果如下:

请输入一个字符串:
I love China!✓
您输入的是:
I love China!

二、字符串处理函数

C语言中没有提供对字符串进行整体操作的运算符,但提供了很多有关字符串操作的库函数。例如,不能由运算符实现的字符串赋值、合并和比较运算,都可以通过调用库函数来实现。下面介绍几种常用的字符串处理函数。在使用这些函数时,必须在程序前面,用命令行指定包含标准头文件"string.h"。

1. **求字符串长度函数** strlen( )

调用格式如下:

strlen(字符数组名)

函数功能:测试字符串的实际长度,不包含字符串结束标志"\0",并作为函数返回值返回。

例 8-2-3 利用 sizeof 运算符和 strlen( )函数获取用户输入字符串的长度。

程序如下:

```
#include <stdio.h>
#include <string.h>
void main( )
{
    char str[10] = "hello";
    printf("%d\n", strlen(str));
    printf("%d\n", strlen("hello"));
    printf("%d\n", sizeof(str));
    printf("%d\n", sizeof("hello"));
}
```

运行结果如下:

5
5
10
6

从运行结果可以看出:strlen(str)和 strlen("hello")的大小都是5,都只包含了字符串中字符的个数,不包括末尾的"\0"。sizeof(str)的大小为10,是数组 str[10]在内存中所占的大小;sizeof("hello")的大小为6,包括"hello"字符串中的5个字符和末尾的"\0"。

注意:通过例8-2-3可以看出,sizeof与函数strlen()在求字符串长度时是有所不同的,下面简单总结一下sizeof运算符与strlen()函数的区别:

① sizeof是运算符;strlen()是C语言标准库函数,包含在"string.h"头文件中。

② sizeof运算符的功能是获得所建立的对象的字节大小,计算的是类型所占内存的大小;strlen()函数是获得字符串所占内存的有效字节数。

③ sizeof运算符的参数可以是数组、指针、类型、对象、函数等;strlen()函数的参数必须是字符型指针,即它的参数必须是以字符串为目标,且必须是以"\0"结尾。

④ sizeof运算符计算大小是在编译时就完成,因此不能用来计算动态分配内存的大小;strlen()函数的结果要在运行时才能计算出来。

2. 字符串拷贝函数strcpy( )

调用格式如下:

strcpy(字符数组名1,字符数组名2)

函数功能:将字符数组2中的字符串拷贝到字符数组1中,字符串结束标志"\0"也一同被拷贝。字符数组2也可以是一个字符串常量。函数返回字符数组1的值,即目的字符串的首地址。

例8-2-4 将字符数组s2中的全部字符拷贝到字符数组s1中。

程序如下:

```
#include <stdio.h>
#include <string.h>
void main()
{
    char s1[20], s2[] = "I love C!";
    strcpy(s1, s2);
    puts(s1);
}
```

运行结果如下:

I love C!

注意:使用strcpy()函数时,应注意以下几个问题。

① 字符数组1应有足够的长度来容纳复制过来的字符串。

② 字符数组1必须为字符数组名,字符数组2可以是字符数组名,也可以是字符串常量。

③ C语言不允许用下列方式将一个字符串常量或字符数组赋给另一个字符数组:

```
char s1[20], s2[] = "I love C!";
s1 = s2;        // 这种方法是错误的
```

④ 当字符数组1和字符数组2长度不同时,要注意,函数将字符串复制到字符数组中,覆盖数组前"字符串长度+1"个元素的内容。例如:

```
char s[100] ="123456";
strcpy(s,"abc")      // s 字符串的内容为"abc"
                     // s 字符数组的内容为{'a','b','c','\0','5','6',\0'...}
```

3. 字符串连接函数 strcat( )

调用格式如下:

```
strcat(字符数组名1,字符数组名2)
```

函数功能:将字符数组2中的字符串连接到字符数组1中的字符串的后面,并删除字符数组1中字符串后面的字符串结束标志"\0"。字符数组2也可以是一个字符串常量。

注意:字符数组1必须足够大,以便容纳连接后的字符串,否则会造成缓冲区溢出的问题。

例8-2-5 实现电话号码和区号的连接。

程序如下:

```
#include <stdio.h>
#include <string.h>
void main()
{
    char areaNumber[5];        // 区号
    char phoneNumber[12];      // 电话号码
    int input;
    char extraNumber[5];       // 分机号
    char buffer[25] = {0};     // 用来存储连接后的结果,需要初始化为0!
    printf("请输入区号:");
    gets(areaNumber);
    printf("请输入电话号码:");
    gets(phoneNumber);
    printf("有分机号吗?(y/n)");
    input = getchar();
    fflush(stdin);    /* 由于 getchar() 只读入一个字符,因此需要调用 fflush 来清
                         除输入缓冲区中的换行符*/
    if(input == 'y')
    {
        printf("请输入分机号:");
        gets(extraNumber);
        strcat(buffer, areaNumber);
```

```
                strcat( buffer, "-");
                strcat( buffer, phoneNumber);
                strcat( buffer, "-");
                strcat( buffer, extraNumber);
        }
        else{
                strcat( buffer, areaNumber);
                strcat( buffer, "-");
                strcat( buffer, phoneNumber);
        }
        printf("您的电话号码是 %s.\n", buffer);
}
```

运行结果如下:

请输入区号:010↙
请输入电话号码:46448878↙
有分机号吗?(y/n)y↙
请输入分机号:123↙
您的电话号码是 010-46448878-123.

说明:fflush(stdin)是 C 语言中一个常用的函数,用于清空标准输入缓冲区。在 C 语言中,输入函数如 scanf( )等会将输入的字符存储在缓冲区中,如果缓冲区中还有未读取的字符,那么下一次读取输入时可能会出现意想不到的结果。fflush(stdin)可以清空标准输入缓冲区,避免这种情况的发生。具体来说,它会将标准输入流(stdin)的缓冲区中的所有未读取的字符全部强制清空,以便下一次输入函数从清空后的缓冲区中读取输入。fflush(stdin)只能用于清空输入缓冲区,而不能清空输出缓冲区。

4. 字符串比较函数 strcmp( )

调用格式如下:

strcmp(字符数组名 1,字符数组名 2)

函数功能:按照 ASCII 顺序,比较两个数组中的字符串,并由函数返回值返回比较结果。比较规则是:从两个字符串的第一个字符开始比较,直到出现不同的字符,或遇到"\0"为止。如果字符都相同,则认为两个字符串相等;如果出现不相等的字符,则以第一个不相同的字符的比较结果为准。若字符串 1 = 字符串 2,返回值为 0;若字符串 1 > 字符串 2,返回值为一个正数;若字符串 1 < 字符串 2,返回值为一个负数。

例 8-2-6 对"c language""hello world""just do it""keep healthy""be happy"这五个字符串按照首字母大小进行从小到大的排列,并将结果输出到屏幕上。

分析:① 用指针数组构造字符串函数,使用指针数组中的元素指向各个字符串。
② 需要使用字符串比较函数 strcmp( )来比较字符串数组中各个元素的大小。
③ 使用选择排序法进行从小到大的排序。

程序如下:

```c
#include <stdio.h>
#include <string.h>

void sort(char *strings[], int n)  // 自定义对字符串排序的函数
{
    char *temp;
    int i, j;
    // 选择排序法
    for(i = 0; i < n-1; i++)
    {
        for(j = i+1; j < n; j++)
        {
            if(strcmp(strings[i], strings[j]) > 0)  // 根据大小交换位置
            {
                temp = strings[i];
                strings[i] = strings[j];
                strings[j] = temp;
            }
        }
    }
}

int main()
{
    int n = 5;
    int i;
    char *strings[] =              // 用指针数组构造字符串数组
    {
        "c language",
        "hello world",
        "just do it",
        "keep healthy",
        "be happy"
    };
    sort(strings, n);              // 调用排序函数
    for(i = 0; i < n; i++)         // 依次输出排序后的字符串
```

```
        printf("%s\n", strings[i]);
    return 0;
}
```

运行结果如下:

```
be happy
c language
hello world
just do it
keep healthy
```

例8-2-7 比较输入的用户名和密码,模仿登录界面。

```
#include <stdio.h>
#include <string.h>
void main()
{
    char username[100];        // 定义存放用户名的字符数组
    char password[100];        // 定义存放密码的字符数组
    printf("登录\n");
    printf("请输入用户名:");
    gets(username);            // 获取用户输入的用户名
    printf("请输入密码:");
    gets(password);            // 获取用户输入的密码
    // 比较输入的用户名和密码是否正确
    if(!strcmp(username, "user") && (!strcmp(password, "ILoveC")))
    {
        printf("用户 %s 登录成功!\n", username);
    }
    else
    {
        printf("登录失败,请检查用户名或密码是否正确输入.\n");
    }
}
```

运行结果如下:

```
登录
请输入用户名:user✓
请输入密码:ILoveC✓
用户 user 登录成功!
```

当控制台输入的用户名为"user",密码为"ILoveC"时,输出"用户 user 登录成功!",这是因为通过 strcmp()函数,将用户输入的用户名和密码与指定的字符串进行比较,从而判断用户登录是否成功。

5. 将字符串中大写字母转换成小写字母的函数 strlwr( )

调用格式如下:

strlwr(字符串)

函数功能:将字符串中的大写字母转换成小写字母,其他字符(包括小写字母和非字母字符)不转换。例如:

char str[100] ="aB1\0Def";
strlwr(str) ;   // str 数组的内容为{'a','b','1','\0','d','e','f','\0'}

6. 将字符串中小写字母转换成大写字母的函数 strupr( )

调用格式如下:

strupr(字符串)

函数功能:将字符串中小写字母转换成大写字母,其他字符(包括大写字母和非字母字符)不转换。例如:

char str[100] ="a1C\0Def";
strupr(str) ;   // str 数组的内容为{'A','1','C','\0','D','E','F','\0'}

【任务实现】

程序如下:

```c
#include <stdio.h>
#include <string.h>
void main()
{
    char str[20];
    int i, j;
    printf("请输入需要判断的字符串:");
    gets( str) ;
    i = 0;
    j = strlen( str) ; /*计算字符串的长度,注意数组长度与字符串长度的区别*/
    while( i < j)
    {
        if( str[ i] != str[ j - 1])  break;      /*此处为 j-1,而不是 j*/
        i ++;
```

```
            j--;
        }
        if( i >= j )
            printf("该字符串是回文!\n");
        else
            printf("该字符串不是回文!\n");
}
```

运行结果如下：

请输入需要判断的字符串:happyppah ↙
该字符串是回文!

试一试：设计检验验证码和密码的程序,如果输入密码三次错误,则退出程序。

【任务拓展】

从键盘输入一个字符串和一个指定字符,要求输出去掉指定字符后的字符串。例如,字符串为"*one* *world* *one* *dream*",要删除的指定字符为"*",则输出去掉"*"后的字符串为"one world one dream"。

分析:首先从键盘输入一个字符串和一个字符,然后依次判断该字符串中是否包含所输入的字符,若包含,则将其删除。删除的方法:当发现含有所输入的字符时,从该位置开始,将其后面的所有字符逐个前移一个字符位置,将需要删除的字符覆盖。

程序如下：

```
#include <stdio.h>
#define N 100
main( )
{
    int i, j;
    char str[N], ch;
    printf("请输入一个字符串:");
    gets( str);
    printf("请输入一个字符:");
    ch = getchar( );
    for( i = 0; str[ i ] != '\0'; i ++ )
    {
        while( str[ i ] == ch)
        for( j = i; str[ j ] != '\0'; j ++ )
            str[ j ] = str[ j + 1];
```

```
        }
        printf("去掉字符%c 之后的字符串:", ch);
        puts( str);
}
```

运行结果如下:

请输入一个字符串: *one * *world * *one * *dream *↵
请输入一个字符: *↵
去掉字符 * 之后的字符串: one world one dream

项目小结

本项目结合案例讲解了 C 语言中字符串的定义、输入、输出,以及操作字符串的相关函数,如比较、拷贝、连接等。调用这些函数可以方便地完成字符串的处理。需要注意的是,使用字符串处理函数时,程序前要加编译预处理命令"#inlude < string. h >"。字符串的各种操作在实际开发中应用非常广泛,通过本项目的学习,同学们能够熟练掌握字符串的相关知识,并灵活运用到实际问题中。

课后习题

一、单选题

1. 字符串指针变量中存入的是(　　)。
A. 字符串　　　　　　　　　　B. 字符串的首地址
C. 第一个字符　　　　　　　　D. 字符串变量

2. 下列选项表示字符串末尾结束标志的是(　　)。
A. '\n'　　　　B. '\r'　　　　C. '\0'　　　　D. NULL

3. 下列程序执行后的输出结果是(　　)。

```
#include < string. h >
main( )
{
    char arr[2][4];
    strcpy( arr, "you");
    strcpy( arr[1], "me");
    arr[0][3] = '&';
    printf("%s\n", arr);
}
```

A. you&me　　　　B. you　　　　C. me　　　　D. err

4. 下列程序执行后的输出结果是(　　)。

```c
#include <stdio.h>
#include <string.h>
main()
{
    char a[] = {'a','b','c','d','e','f','g','h','\0'};
    int i, j;
    i = sizeof(a);
    j = strlen(a);
    printf("%d,%d\n", i, j);
}
```

A. 9,9　　　　B. 8,8　　　　C. 8,9　　　　D. 9,8

5. 代码"char * ch = "abcdef"; printf(*ch);"在控制台输出的结果是(　　)。

A. 'a'　　　　　　　　　　B. "abcdef"
C. 字符'a'的地址　　　　　D. "ab"

二、判断题

1. 如果有一个字符串,其中第十个字符为"\n",则此字符串的有效字符为9个。　(　　)
2. 字符数组就是字符串。　(　　)
3. char c[] = "Very Good";是一个合法的为字符串数组赋值的语句。　(　　)
4. 使用字符指针和字符数组来存储字符串时,二者没有区别。　(　　)
5. 只有两个字符串中的字符个数相同时,才能进行字符串大小的比较。　(　　)
6. 字符指针用 char * 来定义,它不仅可以指向一个字符型常量,还可以指向一个字符串。　(　　)
7. 利用 sprintf()函数可以把指定的字符串输出到控制台。　(　　)

三、填空题

1. 调用 C 语言的库函数对字符串进行操作时,应包含的头文件是_____。
2. 在 C 语言中,用于获取字符串长度的函数是_____。
3. 为了方便对字符数组进行初始化,可以直接使用_____常量来为字符数组赋值。
4. gets()函数从控制台读取字符串时会把_____符之前的字符全部读入。
5. 数组 char c[3] = {'a','b','c'},表达式 c[1]的值是_____。

四、编程题

1. 编写一个程序,实现对两个字符串的比较。
2. 不使用我们刚刚学习过的 strcpy()函数,编写程序把字符串1中的内容复制到字符串2中,并输出字符串2。

项目九 创建复杂的数据类型

知识概述

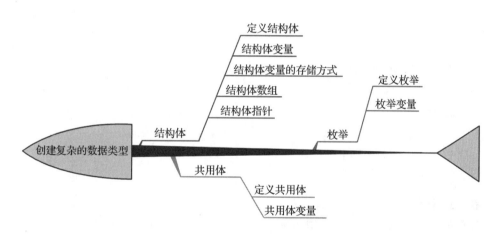

任务1 存储学生的基本信息

【任务目标】

知识目标：掌握结构体的定义方法、结构体变量的使用方法和存储方式、结构体数组的使用方法及结构体指针的使用方法。

技能目标：能够正确定义结构体和使用结构体变量。

品德品格：培养学生创造性思维、做事严谨的态度及良好的编程习惯。

【任务描述】

小明想要存储一个学生的基本信息（学号、班级、姓名、出生日期、课程成绩等），回顾之前的学习内容,基本数据类型不可能存储这么多的数据,数组只能存相同类型的数据,若分别使用不同形式存储这些信息,数据又过于分散。那么可不可以将不同数据类型的数据组合在一起进行统一管理呢?

任务:存储处理一个学生的基本信息(学号、班级、姓名、出生日期、课程成绩等)。

【预备知识】

C语言提供了结构体构造类型,它能够将相同类型或者不同类型的数据组织在一起成为集合,用来解决更复杂的数据处理问题。

一、结构体类型的定义

结构体是一种构造数据类型,可以把相同或者不同类型的数据整合在一起,这些数据称为该结构体的成员。使用结构体类型存储数据时,首先要定义结构体类型,结构体类型的定义格式如下:

```
struct [结构体类名称]
{
    数据类型 成员名1;
    数据类型 成员名2;
    数据类型 成员名3;
    …
    数据类型 成员名n;
};
```

在上述格式中,struct 是定义结构体类型的关键字,struct 关键字后面是结构体名称。结构体类型的成员放在结构体类型名称下的一对大括号中,每个成员由数据类型和成员名组成,成员末尾以分号";"结束,结构体定义以分号";"结束。

例如,定义存储学生基本信息(班级、学号、姓名、出生日期)的结构体类型:

```
struct student
{
    char class[20];
    int id;
    char name[20];
    char birthday[16];
};
```

在上述定义中,结构体类型 struct student 由4个成员组成,分别是 class、id、name 和 birthday。

注意:

① 结构体类型定义以关键字 struct 开头,结构体类型名命名规则与变量名命名规则

相同。

② 结构体类型只是数据类型，而非变量。

③ 定义好一个结构体类型后，编译器不会分配内存存放各个数据成员，它只是告诉编译系统结构体类型由哪些类型的成员构成、各占多少字节、按什么格式存储，并把它们当作一个整体来处理。

④ 定义结构体类型时，末尾的分号不可缺少。

二、结构体变量的初始化

结构体类型只是一种自定义的数据类型，系统不会分配内存空间。想要使用结构体类型的数据，就要定义该结构体类型的变量，并将具体数据存储到变量的内存空间中。

1. 结构体变量的定义

结构体与其他数据类型相同，其变量需要通过结构体数据类型定义才能使用。结构体类型变量的定义方式主要有以下两种。

（1）先定义结构体类型，再使用结构体类型名定义变量。

定义方式与基本数据类型定义变量相同，语法格式如下：

struct 结构体类型名 变量名列表；

注意：结构体类型名是"struct 结构体类型名"，"struct"关键字不能丢。

例如，前面定义了"struct student"结构体类型，就可以定义该类型的变量：

struct student stu1;

执行上句代码，系统会为 stu1 变量分配一段连续的存储空间用于存储数据，内存空间如图 9-1-1 所示。

图 9-1-1 结构体变量 stu1 的存储结构

（2）定义结构体类型的同时定义结构体变量。

语法格式如下：

struct [结构体类型名称]
{
    数据类型 成员名1；
    数据类型 成员名2；
    数据类型 成员名3；
    ...
    数据类型 成员名n；
} 变量名列表；

例如：

```
struct student
{
    char class[20];
    int id;
    char name[20];
    char birthday[16];
} stu1, stu2;
```

此种方式与先定义结构体类型再定义变量的作用相同。

如果之后再也不用此结构体定义变量,则使用这种定义方式时可以省略"结构体类型名称"。

例如:

```
struct
{
    char class[20];
    int id;
    char name[20];
    char birthday[16];
} stu1, stu2;
```

此种方式,不能在之后的代码中通过结构体类型名定义该结构体的变量。

2. 结构体变量的初始化

结构体变量是由一组不同数据类型的成员变量组成的,结构体变量的初始化就是结构体成员变量的初始化。可以使用类似数组初始化的方式为结构体变量初始化。例如:

程序代码 9-1-1:

```
struct student
{
    char class[20];
    int id;
    char name[20];
    char birthday[16];
} stu1 = {"计算机231班", 1230101, "张三", "2004年8月10日"};
```

或

```
struct student stu1 = {"计算机231班", 1230101, "张三", "2004年8月10日"};
```

上述代码就是在定义结构体变量时对其成员进行初始化。

注意:编译器在初始化结构体变量时,按照成员声明顺序从前往后匹配,而不是按照类型自动匹配。在初始化成员变量时,如果没有按顺序为成员变量赋值,往往会出现初始化错误。例如:

struct student stu1 = {"计算机231班","张三","2004年8月10日",1230101};

上述代码试图用字符串初始化整型成员变量,系统会提示警告信息。

3. 结构体变量在内存的存储方式

结构体变量被定义后,系统会为其分配内存,也就是依次为其成员变量分配内存。但结构体成员变量不会像数组元素那样紧挨着存储,而是为方便系统对变量的访问,保证读取性能,遵循字节对齐机制存储结构体变量中的各成员变量。

结构体字节对齐机制:

① 第一个成员的地址与结构体变量的首地址偏移量为0。

② 其他成员按顺序存储在与结构体首地址的偏移量为该成员"对齐数"整数倍的地址处。如果有需要,编译器会在成员之间加上填充字节。("对齐数"是指该成员中长度最大的基础数据类型的长度)

③ 结构体的总大小为结构体中的最大对齐数的整数倍。如果有需要,编译器会在最末一个成员后面加上填充字节。

例如,有如下结构体变量定义(程序代码9-1-2):

```
#include "stdio.h"
int main()
{
    struct node
    {
        char a;
        char b;
        int c;
        double d;
    } nd;
    printf("&nd = %d\n", &nd);
    printf("&nd.a = %d\n", &nd.a);
    printf("&nd.b = %d\n", &nd.b);
    printf("&nd.c = %d\n", &nd.c);
    printf("&nd.d = %d\n", &nd.d);
    printf("size = %d\n", sizeof nd);
}
```

运行结果如下:

```
&nd = 6422032
&nd.a = 6422032
&nd.b = 6422033
&nd.c = 6422036
&nd.d = 6422040
size = 16
```

上述程序中的结构体变量 nd 中四个成员按基础数据类型计算,应占 14 字节内存,但根据程序运行结果来看,结构体变量 nd 实际占据 16 字节内存。再根据每个成员的首地址可以看出每个成员在内存中的位置如图 9-1-2 所示。

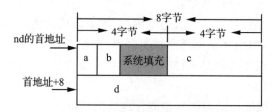

图 9-1-2　struct node 类型变量 nd 的各成员内存分配

变量 nd 中成员 a 的对齐数为 1,b 的对齐数为 1,c 的对齐数为 4,d 的对齐数为 8,则变量 nd 的最大对齐数是 8。

首先,编译器确定变量 nd 的首地址 6422032。

然后按照结构体对齐机制为各成员分配内存空间。

成员 a 与首地址的偏移量为 0(6422032)。

成员 b 在成员 a 之后,a 占一字节,与首地址的偏移量为 1,偏移量是成员 b 的对齐数 1 的倍数,所以成员 b 的地址是 6422033。

成员 c 在成员 b 之后,成员 a、b 共占用 2 字节,地址 6422034 与首地址偏移量是 2,不是成员 c 的对齐数 4 的倍数,所以编译器填充了 2 字节,将成员 c 分配在地址 6422036 处。

成员 d 在成员 c 之后,成员 a、b、c 共占用 6 字节,编译器填充 2 字节,地址 6422040 与首地址偏移量是 8,是成员 d 的对齐数 8 的倍数,所以编译器将成员 c 分配在地址 6422040 处。

最后,编译器计算所有成员变量所占内存空间大小(包括填充的内存空间)是否是变量最大对齐数的倍数,如果是,则完成变量内存空间分配;否则,编译器会在最后一个成员变量后填充一定的字节数,使其变成最大对齐数的倍数,以完成内存空间的分配。本例中 nd 的各成员包括填充的字节一共是 16 字节,是 8 的倍数,不用再进行填充,所以变量 nd 占用的内存空间为 16 字节。

注意:如果成员是数组,则对齐数按数组元素长度计算,而不是按整个数组长度计算。

试一试:将 struct node 结构体中的成员 d 向前提一位,则变量 nd 所占内存空间是多少?

三、访问结构体变量成员

定义结构体变量的目的就是使用结构体变量的成员。C 语言规定不能将一个结构体变量作为一个整体来进行输入/输出操作,只能对每个具体的成员进行输入/输出操作。C 语言提供了两种方式访问结构体变量的成员:直接访问和间接访问。

1. 直接访问

C 语言提供了成员选择运算符"."(也称圆点运算符)来直接访问结构体变量的成员,它接受两个操作数,左操作数就是结构体变量名,右操作数就是需要访问的成员名,运算优先级为 1,格式如下:

结构体变量.成员名

例如,输出前面程序中经初始化后结构体变量的内容。

程序代码9-1-3:

```
int main( )
{
    struct student
    {// 具体定义参见程序代码9-1-1
    };
    struct student stu1 = {"计算机231班",1230101,"张三","2004年8月10日"};
    printf("学生信息如下: \n");
    printf("班级:%s\n", stu1.class);
    printf("学号:%d\n", stu1.id);
    printf("姓名:%s\n", stu1.name);
    printf("出生日期:%s\n", stu1.birthday);
}
```

运行结果如下:

```
学生信息如下:
班级:计算机231班
学号:1230101
姓名:张三
出生日期:2004年8月10日
```

2. 间接访问

间接访问结构体变量的成员就是通过指向结构体变量的指针访问其成员。结构体变量与普通变量相同,在内存中都占据一块内存空间,同样可以定义一个指向结构体变量的指针。结构体指针访问其成员使用的是指向运算符" -> "(也叫箭头运算符),它与成员选择运算符一样,也有两个操作数,左操作数就是结构体变量名,右操作数就是需要访问的成员名,运算优先级为1,格式如下:

结构体指针 -> 成员名

结构体指针的定义方式与一般指针类似。例如,将前面直接访问结构体变量的成员的程序改写成间接访问结构体变量成员。

程序代码9-1-4:

```
int main( )
{
    struct student
    {// 具体定义参见程序代码9-1-1
    };
    // struct student stu1 = {"计算机231班",1230101,"张三","2004年8月10日"};
    // 未按成员顺序初始化
```

```
        struct student stu1 = {. id = 1230101, . class = "计算机 231 班",
        . name = "张三", . birthday = "2004 年 8 月 10 日"};
        // 定义指向结构体类型 struct student 的指针,并指向变量 stu1
        struct student  * p = &stu1;
        printf("学生信息如下: \ n");
        printf("班级: %s\ n", p- > class);
        printf("学号: %d\ n", p- > id);
        printf("姓名: %s\ n", p- > name);
        printf("出生日期: %s\ n", p- > birthday);
    }
```

运行结果与程序代码 9-1-3 相同。

注意:

① 结构体指针访问的是其成员名,而不是成员的地址。

② 使用结构体指针访问成员时也可以使用".""运算符,要先对指针取内容,然后再用".""访问其成员;同样也可以通过结构体变量使用"->"运算符访问成员,先取地址,再用"->"访问其成员。

例如,有如下定义:

```
struct student stu1;
struct student  * p = &stu1;
```

可以使用(*p). class 方式访问 class 成员,注意不能使用 * p. class,"."运算优先级高于"*",所以 * p. class 得到的是 class 成员的第一个字符。

同样道理,可以使用(&stu1) –>class 方式访问 class 成员,而不能写成 &stu1 -> class。

四、结构体嵌套

结构体成员的数据类型可以是任意合法的 C 语言数据类型,结构体也是一种数据类型,当然可以作为结构体成员的数据类型。结构体成员的数据类型是结构体,这种情况就叫结构体嵌套。

1. 定义嵌套结构体类型

在编写程序的过程中,会经常遇到这种情况,例如,之前学生信息的结构体 struct student 中,成员 birthday 的使用字符串存储出生日期,这种方式只能进行简单的读写,而不利于计算和判断,如计算学生的年龄、判断学生的生日等。可以先定义一种存储年、月、日数字的结构体 struct date,将结构体 struct student 结构体成员 birthday 的数据类型更改成 struct date,就可以解决计算和判断的问题。

程序代码 9-1-5:

/*********
结构体名:struct date
功能:存储日期数据
成员:int year,年;int month,月;int day,日
**********/
struct date
{
    int year;
    int month;
    int day;
};
/*********
  结构体名:struct student
  功能:存储学生基本信息
  成员:char class[20],班级;int id,学号;
      char name[20],姓名;struct date birthday,出生日期
**********/
struct student
{
    char class[20];
    int id;
    char name[20];
    struct date birthday;
};

注意:

① 被嵌套的结构体一定要先定义。

② 结构体不能嵌套自身结构体类型的变量,但可以嵌套自身结构体类型的指针变量。

例如:

struct node
{
    int a;
    struct node b;
};

和

```
struct node
{
    int a;
    struct node * b;
};
```

上述两种结构体定义,第一种在编译时会报错,提示"struct node"未定义,因为在使用自身结构体类型变量时,结构体类型还未定义完,无法确定为该成员分配多少内存;第二种可正确编译,因为指针类型变量的内存大小是固定的。

2. 访问嵌套结构体变量成员

结构体嵌套使用时,要访问内部结构体变量的成员,可先通过外层结构体变量访问内部结构体变量,然后再通过内部结构体变量访问成员,即访问内部结构体变量的成员需要使用两次"."运算符。

程序代码9-1-6:

```
#include "stdio.h"
/**********
    结构体名: struct date
    具体定义参见程序代码9-1-5
**********/
/**********
    结构体名: struct student
    具体定义参见程序代码9-1-5
**********/
int main()
{
    // 定义并初始化结构体变量stu1
    struct student stu1 = {"计算机231班",1230101,"张三",{2004,8,10} };
    // 输出学生信息
    printf("学生信息如下: \n");
    printf("班级: %s\n", stu1.class);
    printf("学号: %d\n", stu1.id);
    printf("姓名: %s\n", stu1.name);
    printf("出生日期: %d 年%d 月%d 日\n"
    , stu1.birthday.year
    , stu1.birthday.month
    , stu1.birthday.day);
```

```
        // 根据出生年计算学生的年龄,设今年为2023年
        printf("年龄:%d\n",2023-stu1.birthday.year);
}
```

运行结果如下:

```
学生信息如下:
班级:计算机231班
学号:1230101
姓名:张三
出生日期:2004年8月10日
年龄:19
```

上述程序在访问嵌套结构体变量 stu1 中的结构体类型成员 birthday 的各项数据时,需要用 stu1.birthday 访问 birthday 的成员,即 stu1.birthday.year,stu1.birthday.month,stu1.birthday.day。

3. 嵌套结构体的内存分配

当结构体中存在结构体类型成员时,结构体变量在内存中的存储依旧遵循内存对齐机制,此时结构体类型成员的对齐数是其最长的基础数据类型成员的长度,对结构体变量的各成员进行对齐分配。

例如,对于程序 9-1-6 代码中的 struct student 结构体类型的变量 stu1 的内存分配如图 9-1-3 所示。

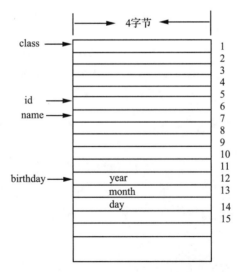

图 9-1-3 struct student 结构体类型变量的成员内存分配

struct student 结构体变量的所有成员(包括嵌套结构体中的成员)最长的基本数据类型为 int,最大对齐数为 4,所以 struct student 结构体变量在内存中以 4 字节为准对齐,struct student 结构体变量的每个成员变量的首地址与结构体变量的首地址偏移量都是 4 的倍数,并且所有成员的长度和为 56 字节,也是 4 的倍数,所以无须填充字节。

程序代码9-1-7：

```c
#include "stdio.h"
#include "string.h"
/*********
    结构体名: struct date
    具体定义参见程序代码9-1-5
*********/
/*********
    结构体名: struct student
    具体定义参见程序代码9-1-5
*********/
int main()
{
    // 定义并初始化结构体变量stu1
    struct student stu1;
    printf("结构体变量成员的地址：\n");
    printf("stu1 变量地址：%d\n", &stu1);
    printf("成员 class 的地址：%d\n", &stu1.class);
    printf("成员 id 的地址：%d\n", &stu1.id);
    printf("成员 name 的地址：%d\n", &stu1.name);
    printf("成员 birthday 的地址：%d\n", &stu1.birthday);
    printf("birthday 变量成员 year 的地址：%d\n", &stu1.birthday.year);
    printf("birthday 变量成员 month 的地址：%d\n", &stu1.birthday.month);
    printf("birthday 变量成员 day 的地址：%d\n", &stu1.birthday.day);
    printf("stu1 占用内存的长度：%d\n", sizeof stu1);
}
```

运行结果如下：

```
结构体变量成员的地址：
stu1 变量地址：6421984
成员 class 的地址：6421984
成员 id 的地址：6422004
成员 name 的地址：6422008
成员 birthday 的地址：6422028
birthday 变量成员 year 的地址：6422028
birthday 变量成员 month 的地址：6422032
birthday 变量成员 day 的地址：6422036
stu1 占用内存的长度：56
```

五、结构体数组

一个结构体变量可以存储一组不同类型的数据,如一个学生的班级、学号、姓名等数据。若要存储多个学生的信息,则可以采用结构体数组。结构体数组中的每个元素都是结构体类型的变量。

1. 结构体数组的定义与初始化

一个学生一学期要学习多门课程(这里假设有 5 门课程),要记录这些课程和成绩信息,就需要定义一个容量为 5 的课程成绩信息结构体类型的数组。

与定义结构体变量相同,可以在定义结构体时定义数组,也可以先定义结构体,再使用结构体名定义数组。通常使用后一种方式。

首先定义课程成绩信息结构体:

```
/**********
结构体名: struct course
功能: 存储课程成绩信息
成员: char cName[20],课程名称; int score,分数
**********/
struct course
{
    char cName[20];
    int score;
};
```

然后定义结构体数组并初始化:

```
int main( )
{
    // 定义并初始化结构体数组 courseArry
    struct course courseArry[5] =
      {
          {"政治",82},              // 初始化结构体数组第一个元素
          {"英语",80},              // 初始化结构体数组第二个元素
          {"数学",92},              // 初始化结构体数组第三个元素
          {"信息技术基础",90},       // 初始化结构体数组第四个元素
          {"C 语言程序设计",88}      // 初始化结构体数组第五个元素
      };
}
```

2. 操作结构体数组

操作结构体数组与使用普通数组类似,就是通过数组名和索引来操作数组元素。因为结构体数组的数组元素是结构体变量,所以操作数组元素就是操作数组元素中的成员。

例如,对上面定义的结构体数组进行输入和输出操作。

程序代码9-1-8:

```c
#include "stdio.h"
#include "string.h"
/*********
  结构体名: struct course
  功能: 存储课程成绩信息
  成员: char cName[20],课程名称; int score,分数
**********/
struct course
{
    char cName[20];
    int score;
};
int main()
{
    // 定义结构体数组 courseArry
    struct course courseArry[5];
    // 输入
    for( int i = 0; i < 5; i++ )
    {
        printf("请输入第%d 门课的信息: \n", i+1);
        printf("名称:");
        scanf("%s", &courseArry[i].cName);
        printf("分数:");
        scanf("%d", &courseArry[i].score);
    }
    // 输出
    prinft("本学期课程成绩如下: \n");
    for( int i = 0; i < 5; i++ )
    {
        printf("第%d 门课的信息: \n", i+1);
        printf("名称: %s\n", courseArry[i].cName);
        printf("分数: %d\n", courseArry[i].score);
    }
}
```

运行结果如下:

请输入第 1 门课的信息:
名称:数学↙
分数:92↙
请输入第 2 门课的信息:
名称:英语↙
分数:75↙
请输入第 3 门课的信息:
名称:法律↙
分数:85↙
请输入第 4 门课的信息:
名称:信息技术基础↙
分数:80↙
请输入第 5 门课的信息:
名称:C 语言↙
分数:90↙
本学期课程成绩如下:
第 1 门课的信息:
名称:数学
分数:92
第 2 门课的信息:
名称:英语
分数:75
第 3 门课的信息:
名称:法律
分数:85
第 4 门课的信息:
名称:信息技术基础
分数:80
第 5 门课的信息:
名称:C 语言
分数:90

六、结构体作函数的参数

前面我们已经学过,函数的参数可以是基本数据类型变量、数组、指针等,当然也可以是结构体类型的变量、数组、指针。

1. 结构体变量作为函数的参数

结构体变量作为函数的参数与基本数据类型变量作为参数用法一致,要求实参的类型与形参的类型一致,调用时,将实参的值传递给形参。实参与形参是分开存储的,所以改变形参的值不影响实参的值。

例如,为结构体类型 struct course 定义输出函数,用来输出结构体变量信息。

之前已经介绍过不能对结构体变量作为一个整体来进行输入/输出操作,所以我们可以为每个有需求的结构体定义输入/输出函数,这里先介绍输出函数。

程序代码9-1-9：

```c
#include "stdio.h"
#include "string.h"
/*********
  结构体名: struct course
  具体定义参见程序代码9-1-8
**********/
/***************
  函数: void outCourse( struct course cur)
  功能: 输出结构体 struct course 类型变量的内容
  参数: struct course cur,要输出的结构体变量
  返回值: void,无返回值
***************/
void outCourse( struct course cur)
{
    printf("%s 课程成绩: %d\n", cur.cName, cur.score);
}

int main()
{
    // 定义结构体变量
    struct course course1;
    // 输入
    printf("课程名称:");
    scanf("%s", &course1.cName);
    printf("分数:");
    scanf("%d", &course1.score);
    // 调用 outCourse() 函数输出结构体变量内容
    outCourse( course1);
}
```

运行结果如下：

课程名称:C语言↙

分数:88↙

C语言课程成绩:88

做一做:请编写 struct date 结构体的输出函数。

2. 结构体指针作为函数的参数

函数的形参是结构体类型的指针与函数的形参是基础类型指针相同,可以接收结构体类型变量的地址或结构体类型一维数组的数组名的实参。调用时将变量或数组的地址传递给形参,被调函数通过"＊"运算操作实参的数据。因此,可以在被调函数中更改主调函数中的变量或数组的数据。

(1) 结构体变量地址作为实参。

前面只介绍了结构体 struct course 变量的输出函数,没有介绍输入函数,因为如果用结构体变量做输入函数的参数,那么输入函数输入的数据将不能反馈到主调函数的结构体变量中,所以输入函数应该使用结构体指针做参数。

下面介绍结构体 struct course 类型变量的输入函数。

程序代码 9-1-10:

```
#include "stdio.h"
#include "string.h"
/*********
 结构体名: struct course
 具体定义参见程序代码9-1-8
**********/
/***************
 函数: void inputCourse( struct course ＊cur)
 功能: 为结构体 struct course 类型变量输入数据
 参数: struct course ＊cur,要输入数据的结构体变量的地址
 返回值: void 无返回值
****************/
void inputCourse( struct course  ＊cur)
{
    printf("请输入课程名称:");
    scanf("%s", &cur->cName);
    printf("分数:");
    scanf("%d", &cur->score);
}
/**************
 函数: void outCourse( struct course cur)
```

具体定义参见程序代码 9-1-9
****************/
```
int main()
{
    // 定义结构体数变量
    struct course course1;
    // 调用 inputCourse() 函数为结构体变量输入数据
    inputCourse( &course1);
    // 调用 outCourse() 函数输出结构体变量内容
    outCourse( course1);
}
```

运行结果如下：

请输入课程名称: 程序设计✓
分数:78 ✓
程序设计课程成绩:78

做一做：结构体变量作为参数，比较占内存，请改进上面的输出函数，减少内存。

（2）一维结构体数组名作为实参。

前面我们学习过，指针可以指向同类型的一维数组并可通过该指针操作数组元素，所以函数形参是指针时，调用该函数的实参也可以是同类型的一维数组名。

以课程信息为例，要记录一学期的课程信息并计算所有课程的总成绩的需求。这里使用函数来编程。程序代码 9-1-11：

```
#include "stdio.h"
#include "string.h"
/*********
  结构体名: struct course
  具体定义参见程序代码 9-1-8
**********/
/*****************
  函数: void inputCourse( struct course * cur)
  具体定义参见程序代码 9-1-10
*****************/
/*****************
  函数: void outCourse( struct course * cur)
  功能: 输出结构体 struct course 类型变量的内容
  参数: struct course cur, 要输出的结构体变量的地址
```

返回值: void, 无返回值
***************/
```c
void outCourse(struct course * cur)
{
    printf("%s 课程成绩:%d\n", cur->cName, cur->score);
}
```
/**************
函数: int total(struct course * cur, int n)
功能: 计算所有课程的总成绩
参数: struct course * cur, 要计算的课程数组;
　　　int n, 数组大小
返回值: int, 返回总成绩
***************/
```c
int total(struct course * cur, int n)
{
    int sum = 0;
    for(int i = 0; i < n; i++)
    {
        sum += cur[i].score;
    }
    return sum;
}

int main()
{
    // 定义结构体数组,设一学期有5门课
    struct course curArr[5];
    // 调用 inputCourse() 函数为结构体变量输入数据
    for(int i = 0; i < 5; i++)
    {
        inputCourse(curArr + i);
    }
    // 调用函数 total() 计算总成绩并输出
    printf("总成绩:%d", total(curArr));
}
```

函数 total() 就是实现计算总成绩功能的函数,最后在 main() 函数中调用时传递的实参是数组名。

运行结果如下:

请输入课程名称:数学↙
分数:70↙
请输入课程名称:英语↙
分数:65↙
请输入课程名称:大学语文↙
分数:90↙
请输入课程名称:信息技术基础↙
分数:84↙
请输入课程名称:C语言↙
分数:92↙
总成绩:401

注意:实参是一维数组名,形参也可以定义成数组的形式。例如:

int total(struct course cur[ ], int n);

3. 定义返回结构体指针的函数

以学生课程信息为例,不同专业的学生学习的课程数量有可能不一样,不同学期的课程数量也不一样,所以就需要根据实际情况动态创建课程数组。程序代码9-1-12:

```
#include "stdio.h"
#include "string.h"
#include "stdlib.h"
/*********
 结构体名:struct course
 具体定义参见程序代码9-1-8
**********/
/***************
 函数:struct course * createArr( int n)
 功能:创建长度为n的数组
 参数:int n,数组长度
 返回值:struct course *,返回类型为 struct course 数组首地址
****************/
struct course * createArr( int n)
{
    if( n > 0)
        return( struct course * ) calloc( n, sizeof( struct course) );
    else
```

```
            return NULL;
}

int main( )
{
    int n;
    printf("请输入本学期课程数量:");
    scanf("%d", &n);
    struct course  * p;
    p = createArr( n );
    if( p! = NULL)
    {
        printf("创建成功!");
                                /*添加使用数组的代码*/
        free( p );              // 注意,千万不要忘记释放内存
    }
    else
        printf("创建失败!");
}
```

运行结果如下:

请输入本学期课程数量:6✓
创建成功!

七、为数据类型取别名

我们在定义好结构体后,使用此结构体时,都必须带上 struct 关键字,使用不方便,C语言提供了一个关键字 typedef 用来解决这类问题。typedef 的作用是为现有数据类型取别名,使用格式如下:

typedef 数据类型 别名;

数据类型可以是基础数据类型、构造数据类型、指针等。

1. 为基本数据类型起别名

例如:

typedef int returnType;
returnType fn(int a, int b);

上述代码将 int 类型取别名为 returnType,那么之后所有用 returnType 定义的变量、函数、指针等都等同于使用 int 定义,如果有需求需要将 int 换成 double,则通过 typedef 将

double 取别名为 returnType,即可全部完成替换。

2. 为数组类型起别名

数组也是一种内存的使用方式,也可以看作是一种数据类型。例如:

```
typedef char string10[10];
string10 str1, str2;
```

上述代码中将有 10 个字符的数组起名为 string10,用 string10 定义的变量 str1 和 str2 等同于 char str1[10]和 char str2[10]。

3. 为指针取别名

指针是一种特殊的数据类型,当然可以取别名。例如:

```
typedef char * string;
string str;
```

则变量 str 就是指向字符型的指针。

4. 为构造类型(比如结构体)取别名

构造类型也是数据类型,可以通过 typedef 取别名。例如:

```
struct course
{
    char cName[20];
    int score;
};
typedef struct course COURSE;
COURSE cur;
```

上述代码先定义了一个结构体 struct course,然后为其取别名 COURSE,最后使用别名 COURSE 定义变量。

为结构体取别名,可以在定义结构体时就取别名。例如:

```
typedef struct course
{
    char cName[20];
    int score;
}COURSE;
COURSE cur;
```

注意:此时的 COURSE 不是结构体变量,而是结构体 struct course 的别名。

也可以在定义结构体时不给出结构体名,直接取别名。例如:

```
typedef struct
{
    char cName[20];
    int score;
} COURSE;
COURSE cur;
```

上述代码中结构体是没有名字的,但是通过 typedef 关键字直接为其取了一个别名。

总之,从上面的几个例子可以看出,使用"typedef"只能对已经存在的数据类型取别名,而不能定义新的数据类型。使用"typedef"关键字可以使程序更方便移植,减少对硬件的依赖性。

【任务实现】

分析:经过预备知识的学习,要存储学生的基本信息,应该分别定义日期、课程和学生三个结构体类型,分别为每个结构体定义专用的输入、输出函数和相关处理函数。其中,在学生结构体中,应使用课程类型的一维数组存放课程成绩,由于课程数量不确定,所以使用课程类型的指针存放根据成员"课程数量"的值动态创建的数组的地址。

具体实现参考程序代码 9-1-13。

程序代码 9-1-13:

```
#include "stdio.h"
#include "string.h"
#include "stdlib.h"
/******************* course *****************************/
/*********
    结构体别名: course
    功能: 存储课程成绩信息
    成员: char cName[20], 课程名称; int score, 分数
**********/
typedef struct
{
    char cName[20];
    int score;
} course;
/***************
    函数: void inputCourse( course * cur)
    具体定义参见程序代码9-1-10,需要将参数类型 struct course 改为 course
****************/
/***************
```

函数: void outCourse(course *cur)
具体定义参见程序代码9-1-11，需要将参数类型 struct course 改为 course
***************/
/***************
函数: int total(course *cur, int n)
具体定义参见程序代码9-1-11，需要将参数类型 struct course 改为 course
***************/
/***************
函数: course *createArr(int n)
具体定义参见程序代码9-1-12，需要将返回值类型 struct course 改为 course
***************/
/*********************date ******************************/
/*********
结构体名: date
功能: 存储学生日期数据
成员: int year, 年; int month, 月; int day, 日
**********/
typedef struct
int year; int month; int day;
date;
/***************
函数: void inputDate(date *dt)
功能: 为结构体 date 类型变量输入数据
参数: date *dt, 要输入数据的结构体变量的地址
返回值: void, 无返回值
***************/
void inputDate(date *dt)
{
    printf("按\"年月日\"的顺序输入日期，用\"-\"分隔:");
    scanf("%d-%d-%d", &dt->year, &dt->month, &dt->day);
}
/***************
函数: void outDate(date *dt)
功能: 输出结构体 date 类型变量的内容
参数: date *dt, 要输出的结构体变量的地址
返回值: void, 无返回值
***************/
void outDate(date *dt)

```c
{
    printf("%d 年%d 月%d 日\n", dt->year, dt->month, dt->day);
}
/****************** student ******************************/
/*********
  结构体名: student
  功能: 存储学生基本信息
  成员: char class[20],  班级
        int id,  学号
        char name[20],  姓名
        date birthday,  出生日期
        int courseNumber,  课程数量
        course *curInfo,  课程信息
**********/
typedef struct
{
    char class[20];
    int id;
    char name[20];
    date birthday;
    int courseNumber;
    course *curInfo;
} student;
/***************
  函数: void inputStudent(student *stu)
  功能: 为结构体 student 类型变量输入数据
  参数: student *stu, 要输入数据的结构体变量的地址
  返回值: void, 无返回值
****************/
void inputStudent(student *stu)
{
    printf("请输入学生的信息:\n");
    printf("班级:");
    scanf("%s", &stu->class);
    printf("学号:");
    scanf("%d", &stu->id);
    printf("姓名:");
```

```c
        scanf("%s", &stu->name);
        printf("出生日期,");
        inputDate(&stu->birthday);
        printf("学期课程数量:");
        scanf("%d", &stu->courseNumber);
        if(stu->courseNumber >0)
        {
            stu->curInfo = createArr(stu->courseNumber);
            if(stu->curInfo!= NULL)
            {
                for(int i =0; i < stu->courseNumber; i ++)
                    inputCourse(stu->curInfo + i);
            }
        }
}

/***************
  函数: void outStudent(student * stu)
  功能: 输出结构体 student 类型变量的内容
  参数: student * stu,要输出的结构体变量的地址
  返回值: void,无返回值
****************/
void outStudent(student * stu)
{
    printf("班级:%s\n", stu->class);
    printf("学号:%d\n", stu->id);
    printf("姓名:%s\n", stu->name);
    printf("出生日期:");
    outDate(&stu->birthday);
    if(stu->courseNumber >0)
    {
        printf("本学期课程数%d 门:\n", stu->courseNumber);
        if(stu->curInfo!= NULL)
        {
            for(int i =0; i < stu->courseNumber; i ++)
            {
                printf("\t");
                outCourse(stu->curInfo + i);
```

```
            }
                printf("\t 总成绩:%d\n"
                    , total( stu->curInfo, stu->courseNumber) );
        }
        else
            puts("课程信息未录入!");
    }
    else
        puts("本学期没有课程!");
}
int main( )
{
    student stu1;
    inputStudent( &stu1) ;
    printf("%s 的信息如下:\n", stu1.name);
    outStudent( &stu1);
}
```

运行结果如下:

```
请输入学生的信息:
班级:软件 231 班✓
学号:2230101 ✓
姓名:张三✓
出生日期,按"年月日"的顺序输入日期,用"-"分隔:2005-9-16 ✓
学期课程数量:2 ✓
课程名称:信息技术✓
分数:83 ✓
课程名称:C 语言✓
分数:88 ✓
张三的信息如下:
班级:软件 231 班✓
学号:2230101 ✓
姓名:张三✓
本学期课程数 2 门:
        信息技术:83 ✓
        C 语言:88 ✓
        总成绩:171
```

试一试：在输入课程数量时输入 0 或负数，有什么结果？

【扩展知识】

1. 通过"."运算符初始化结构体变量

在初始化结构体变量时，除了使用数据集合的方式顺序为结构体变量的成员初始化外，也可以使用"."运算符指定要初始化的成员。例如：

```
// 未按成员顺序初始化
struct student stu1 = {.id = 1230101, .class = "计算机231班", .name = "张三", .birthday = "2004年8月10日"};
// 只初始化一部分成员
struct student stu1 = {.id = 1230101, .class = "计算机231班", .name = "张三"};
```

注意：

① 结构体变量不能直接赋值，如果结构体类型变量在定义时未初始化，只能通过为结构体变量的成员赋值。例如：

```
scanf("%s", stu1.class);
    stu1.id = 1230102;
strcpy(stu1.name, "李四");
…
```

② 同一种结构体类型变量之间可以相互赋值。例如：

```
struct student stu1, stu2 = {"计算机231班", 1230101, "张三", "2004年"};
stu1 = stu2;
```

2. 使用指针操作结构体数组

使用指针操作结构体数组的方式与操作普通数组一样，需要注意的是，运算符"++"、"--"与"->"、"."组合在一起运算的问题。

在没有()的情况下，先计算"->"和"."，然后再从右向左依次计算"++""--"。

例如，假设有如下定义：

```
struct course a[5];
struct course *p = a;
```

则表达式：

　　p ++ -> score，得到 a[0] 元素的成员 score 的值，再使 p 指向 a[1]；

　　p -> score ++，得到 a[0] 元素的成员 score 的值，再使 score + 1。

任务2　使用不同的记分制记录课程的成绩

【任务目标】

知识目标：掌握共用体的定义方法、共用体变量的使用方法和存储方式。
技能目标：能够正确定义共用体和使用共用体变量。
品德品格：培养学生创造性思维、共享的意识及良好的编程习惯。

【任务描述】

小明在存储学生课程成绩时，遇到了一个问题：学生成绩评定有两种记分方式，百分制(0~100)和五级分制(优秀、良好、中等、及格和不及格)，之前定义的结构体的成绩成员变量存储的都是百分制成绩。现在小明想知道有没有办法只用一个成员变量，在需要记录百分制成绩时，存储数字；在需要记录五级分制时，存储五级分制的字符串(一门课程只能使用一种记分方式)。

任务：设计一种既可以记录百分制成绩又可以记录五级分制的课程信息结构体。

【预备知识】

小明的需求是要在同一段内存中，根据不同的情况存储不同类型的数据。针对这种情况，C语言使用共用体构造类型解决这类问题。

共用体，又叫联合体，是C语言自定义构造类型的一种。

一、定义共用体

定义共用体的方式与定义结构体类似，区别是共用体使用union关键字定义，而结构体使用struct关键字定义。

共用体定义格式如下：

```
union [共用体名]
{
    数据类型 成员名1；
        …；
    数据类型 成员名n；
};
```

定义共用体除定义使用的关键字不同外，其余与定义结构体完全相同。共用体也是一种数据类型，同样可以用typedef取别名。

例如：

```
typedef union unA
{
    int a;
    double b;
    char c[10];
} typeA;
```

上述代码定义了一个名为 union unA 的共用体类型,取别名为 typeA,此共用体有名为 a、b、c 三个成员,数据类型分别为 int、double、char [10]。

二、使用共用体存取数据

使用共用体存取数据与使用结构体类似,先定义共用体变量、数组或指针,然后访问其成员。

访问结构体成员同样也有直接访问和间接访问两种方式。

1. **直接访问**

格式如下:

共用体变量名.成员名

例如,使用之前定义的共用体定义变量,并访问其成员:

```
typeA ta;          // 也可使用 union unA ta;
ta.a = 10;
ta.b = 30.5;
strcpy(ta.c, "abc");
```

2. **间接访问**

格式如下:

共用体指针 -> 成员名 或 (*共用体指针).成员名

例如,使用之前定义的共用体定义指针,并访问其成员:

```
typeA ta;              // 也可使用 union unA *ta;
typeA *p = &ta;        // 定义共用体指针指向 ta
p->a = 10;
p->b = 30.5;
strcpy(p->c, "abc");
```

三、共用体变量的特点

共用体变量与结构体变量在使用方式上基本相同,但共用体变量具有一些不同于结构体变量的一些特点。

（1）共用体变量中的所有成员共享一段内存空间。

共用体中"共用"就是指所有成员共同使用一段内存空间,共用体变量中的所有成员的首地址相同,而且变量的地址也是该变量所有成员的地址。

共用体也遵循字节对齐机制,所以共用体变量所占内存长度取决于其占内存长度最大的成员的长度是否是其对齐数的倍数:如果是,那么这个成员的内存长度就是共用体变量的长度;否则,编译器填充一定长度内存至对齐数的倍数。也就是说,共用体占内存的长度是大于或等于其占用内存长度最大的成员的内存长度的最小对齐数倍数。

例如,假设共用体变量中占内存长度最大的成员占用内存 20 字节,共用体变量的对齐数是 8,则该变量的内存长度是大于或等于 20 的最小 8 的倍数,即 24 字节。

下列程序的运行结果可以验证此特点。

程序代码 9-2-1:

```c
#include "stdio.h"
#include "string.h"
/*********
  共用体名:unA
  功能:存储 int、double 或 char[10]三种类型数据中的一种
  成员:int a,整数; double b,双精度数; char c[10],字符串
**********/
typedef union
{
    int a;
    double b;
    char c[20];
}unA;
int main()
{
    unA u1;
    printf("共用体变量地址:%d\n",&u1);
    printf("成员 a 的地址:%d\n",&u1.a);
    printf("成员 b 的地址:%d\n",&u1.b);
    printf("成员 c 的地址:%d\n",&u1.c);
    printf("成员 c 的长度:%d\n",sizeof u1.c);
    printf("共用体的长度:%d\n",sizeof(una));
}
```

运行结果如下:

共用体变量地址:6422016
成员 a 的地址:6422016
成员 b 的地址:6422016
成员 c 的地址:6422016
成员 c 的长度:20
共用体的长度:24

由运行结果可知:所有成员的地址与变量的地址相同,变量长度为大于或等于 20 的最小的 8 的倍数。

共用体变量 u1 的所有成员中基础类型内存长度最大的类型是 double,占 8 字节,所以 u1 的对齐数为 8,如图 9-2-1 所示。

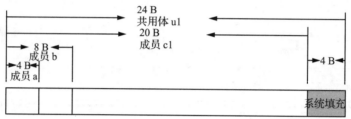

图 9-2-1　共用体 unA 类型变量 u1 的各成员的内存分配

(2) 共用体变量初始化时只能为一个成员赋值,不能为所有成员赋值。

共用体变量可通过为指定的一个成员赋值的方式初始化,不指定成员时默认为第一个成员赋值。以共用体 unA 为例:

unA u1 = {.b = 12.3};　　// 初始化 u1,u1.b 的值是 12.3
unA u1 = {12};　　　　　 // 初始化 u1,u1.a 的值是 12

(3) 共用体变量中起作用的成员是最后一次赋值的成员,在为一个新的成员赋值后,原有变量存储的值被取代,原有的成员就失去作用。

共用体变量的所有成员共同使用一段内存,为一个成员赋值就表示这段内存数据类型是这个成员的数据类型,用其他成员的数据类型读取的数据将失去赋值的意义。

程序代码 9-2-2:

```
#include "stdio.h"
#include "string.h"
/*********
共用体名:una
功能:存储 int、double 或 char[10] 三种类型数据中的一种
成员:int a,整数; double b,双精度数; char c[10],字符串
**********/
typedef union
{
    int a;
    double b;
```

```
        char c[20];
}una;

int main( )
{
    una u1;
    u1.b = 12.3;
    printf("u1.a = %d\n", u1.a);
    printf("u1.b = %f", u1.b);
}
```

运行结果如下：

u1.a = -1717986918
u1.b = 12.300000

由运行结果可知：以 int 的方式读取内存为 double 类型的数据，失去实际意义，最后是为 b 成员赋值，所以能够得到存储的数据。

综上所述，共用体就是不同数据类型的集合，其变量可以使用集合中任意一种数据类型存储数据。所以，原则上共用体尽可能地不要有相同类型的成员。

【任务实现】

分析：百分制的成绩是数字（整数），五级分制的成绩是文字（字符串），要使用一个变量，既可以存储整数又可以存储字符串，那么这个变量的数据类型只能是含有这两种数据类型成员的共用体类型。在任务 1 中定义记录课程信息的结构体 course 中，可以将成员 score 的数据类型改为包含整型和字符串的共用体类型。但是我们还需要记录课程是以哪种记分方式记录成绩的，所以要增加一个记录记分方式的成员。

程序代码 9-2-3：

```
#include "stdio.h"
#include "string.h"
#include "stdlib.h"
/********************typeScore******************************/
/*********
  共用体名：typeScore
  功能：以 int char[8] 两种类型中的一种方式存储课程分数
  成员：int score100, 百分制分数；char score5[8], 五级分制分数
**********/
typedef union
{
    int score100;
```

```
        char score5[8];
}typeScore;
/***************
 函数: void inputScore( typeScore  * sc)
 功能: 为共用体 typeScore 类型变量输入数据
 参数: typeScore  * sc, 要输入数据的共用体变量的地址;
    int method,以哪种记分方式输入成绩,1 为百分制,2 为五级分制
 返回值: void,无返回值
****************/
void inputScore( typeScore  * sc, int method)
{
    if( method == 1)
    {
        printf("百分制分数(1 - 100):");
        scanf("%d", &sc-> score100);
    }
    else
    {
        printf("五级分制分数(优秀、良好、中等、及格、不及格):");
        scanf("%s", &sc-> score5);
    }
}
/***************
 函数: void outScore( typeScore  * sc)
 功能: 输出共用体 typeScore 类型变量数据
 参数: typeScore  * sc, 要输出数据的共用体变量的地址;
    int method,以哪种记分方式输出成绩,1 为百分制,2 为五级分制
 返回值: void,无返回值
****************/
void outScore( typeScore  * sc, int method)
{
    if( method == 1)
        printf("%d\n", sc-> score100);
    else
        printf("%s\n", sc-> score5);
}
/********************* course *****************************/
```

```
/*********
    结构体别名: course
    功能: 存储课程成绩信息
    成员: char cName[20], 课程名称;
int score, 分数;
int method, 记分方式, 1 为百分制, 2 为五级分制
**********/
typedef struct
{
    char cName[20];
    int method;
    typeScore score;
} course;
/***************
    函数: void inputCourse( course *cur)
    功能: 为结构体 course 类型变量输入数据
    参数: course *cur, 要输入数据的结构体变量的地址
    返回值: void, 无返回值
***************/
void inputCourse( course *cur)
{
    printf("课程名称:");
    scanf("%s", &cur->cName);
    printf("记分方式(1: 百分制, 2: 五级分制):");
    scanf("%d", &cur->method);
    inputScore( &cur->score, cur->method);
}
/***************
    函数: void outCourse( course *cur)
    功能: 输出结构体 course 类型变量的内容
    参数: course *cur, 要输出的结构体变量的地址
    返回值: void, 无返回值
***************/
void outCourse( course *cur)
{
    printf("%s:", cur->cName);
    outScore( &cur->score, cur->method);
```

```
}
int main( )
{
    course cur1;
    inputCourse( &cur1);
    printf("%s 课程信息如下:\n", cur1.cName);
    outCourse( &cur1);
}
```

运行结果 1 如下:

课程名称:C 语言
记分方式(1:百分制,2:五级分制):1 ↙
百分制分数(1-100):85
C 语言课程信息如下:
C 语言:85

运行结果 2 如下:

课程名称:C 语言
记分方式(1:百分制,2:五级分制):2 ↙
五级分制分数(优秀、良好、中等、及格、不及格):中等
C 语言课程信息如下:
C 语言:中等

运行结果前三行为输入信息,后两行为输出信息。

任务3　　使用枚举类型规范程序代码

【任务目标】

知识目标:了解枚举类型的定义方法及其使用方法。
技能目标:可以正确定义和使用枚举类型。
品德品格:培养学生创造性思维、服务意识及良好的编程习惯。

【任务描述】

小明在阅读程序代码 9-2-3 时,发现了一个问题:在阅读学习成绩信息输入/输出函数时,对参数 method 值的规定和程序中的判定必须看注释才能明白,而且他发现运行程序时,如果输入了 1 和 2 以外的其他值,程序会按照五级制记录分数。这样会使用户产生

误解,而且记录的数据也会很乱。能否对这类数值做一个限制,既利于程序的理解,也能规范地输入数据?

任务:限定课程记分方式的数值范围,修改程序代码 9-2-3 中与记分方式有关的代码,使程序更加规范、易理解。

【预备知识】

枚举是 C 语言的一种基本数据类型,是一个被命名的整型常量的集合,集合中的每一个元素都是整型符号常量。使用枚举,可以使代码更加清晰易读,方便程序员对常量的管理与维护。

一、定义枚举类型

枚举类型本质上是一个有预期取值范围的整型。定义枚举类型就是定义一组程序中用到的相关的常量。例如,一周有 7 天,每天都有一个名字;一年有 12 个月,每个月也有不同的名字等。

C 语言使用关键字"enum"定义枚举类型。其一般定义格式如下:

```
enum 枚举名
{
    元素名 1[ =整型常量 1],
    元素名 2[ =整型常量 2],
    …,
    元素名 n[ =整型常量 3]
};
```

定义说明:

① 枚举中的元素名是符号常量,通常用大写字母表示,每个元素用","分隔。如果定义时没有为元素初始化,第一个枚举元素的值为 0,第二个枚举元素的值为 1,以此类推。例如:

```
enum enumEx
{
    A, B, C
};
```

上面的代码定义了一个有三个元素的枚举类型,其中 A 的值为 0,B 的值为 1,C 的值为 2。

② 定义枚举时,如果用某一整数为某个元素初始化,则其后连续、没有赋值的元素的值是前一元素值 +1。例如:

```
enum enumEx
{
    A, B = 10, C, D, E = 2, F
};
```

上述代码定义的枚举类型中,A=0,B=10,C=11,D=12,E=2,F=3。

③ 定义枚举时,元素名不可以重复(包括其他枚举类型中的元素),但是元素值可以相同(原则上同一个枚举类型中元素值不要重复)。

例如:

```
enum enumEx
{
    A = 1, B = 10, C = 1, D, E = 2, F
};
```

上述代码定义的枚举类型中,A=1,B=10,C=1,D=2,E=2,F=3。

下面的枚举定义是错误的:

```
enum enumEx1
{
    A = 1, A = 10, C = 1, D, E = 2, F
};
enum enumEx2
{
    X, Y, F
};
```

枚举 enum enumEx1 中的元素 A 重名了,枚举 enum enumEx1 中的元素 F 和枚举 enum enumEx2 中的元素 F 重名了,所以两个枚举定义都是错误的。

④ 枚举类型是数据类型,所以可以使用"typedef"为枚举类型取别名。例如:

```
typedef enum
{
    A = 1, B = 10, C = 1, D, E = 2, F
} enumEx;
```

上述代码定义了一个无名的枚举类型,别名为 enumEx。

注:本书使用的编译器不能使用中文做枚举元素名,否则会编译错误。

二、定义和使用枚举类型变量

1. 定义枚举变量

与结构体和共用体一样,枚举变量也可用不同的方式说明,即先定义枚举类型后定义变量、定义枚举类型的同时定义变量。

例如，下面的代码1和2都定义以周几来表示日期的枚举类型 weekDay，使用此类型定义了变量 day1、day2 和 day3。

代码1：

```
enum weekDay
{
    MON = 1, TUE, WED, THU, FRI, SAT, SUN
};
enum weekDay day1, day2, day3
```

代码2：

```
enum weekDay
{
    MON = 1, TUE, WED, THU, FRI, SAT, SUN
} day1, day2, day3;
```

2. 枚举类型占用内存的长度

枚举类型是特殊的整型，所有枚举类型的变量占用内存的长度与整型变量的长度相同；每个枚举元素都是整型常量，所有枚举类型的元素占用内存的长度也与整型变量的长度相同。

例如，对之前定义过的枚举类型运行如下代码。

程序代码9-3-1：

```
#include "stdio.h"
typedef enum
{
    A, B = 10, C, D, E = 2, F
} enumEx ;
typedef enum
{
    MON = 1, TUE, WED, THU, FRI, SAT, SUN
} weekDay;
int main()
{
    enumEx a;
    weekDay day;
    int x;
    printf("int 变量的长度: %d\n", sizeof x);
```

```
        printf("enumEx 变量的长度:%d\n", sizeof a);
        printf("weekDay 变量的长度:%d\n", sizeof day);
        printf("enumEx 元素的长度:%d\n", sizeof A);
        printf("weekday 元素的长度:%d\n", sizeof SUN);
    }
```

运行结果如下:

int 变量的长度:4
enumEx 变量的长度:4
weekDay 变量的长度:4
enumEx 元素的长度:4
weekday 元素的长度:4

3. 使用枚举变量

定义完枚举变量后就可以进行赋值和计算。

(1)赋值。

与结构体和共用体变量的赋值方法不同,可以直接给枚举类型中的某个元素赋值,而不是通过成员运算符为每个元素赋值。枚举类型中的元素就相当于使用#define 定义的常量,可以在程序中直接使用,但不能被赋值。

例如,上面定义的 enum weekDay 类型变量 day1、day2、day3 可以进行如下的赋值操作:

```
day1 = TUE;
day2 = SUN;
day3 = MON;
```

下面的赋值操作是错误的:

```
MON = 5;
TUE = 10;
```

注意:

① 枚举变量是有特定取值范围的有符号整型变量,用该枚举类型中的某个元素赋值才具有实际意义,尽量不用其他类型值赋值,如把整数直接赋给枚举变量(有些编译器不允许)。

例如,对于 enum weekDay 类型变量 day1、day2,下面的操作是无意义的,有些编译器会出现错误:

```
        day1 = 9;
        day2 = 12;
```

② 枚举变量是整型变量,可以用整数值赋给枚举变量,为避免出错,应作强制类型转换。

例如，可以通过下面的方式为 enum weekDay 类型变量 day1、day2 赋值：

```
day1 = ( enum weekday) 2;
int temp;
scanf("%d", &temp);
day2 = ( enum weekDay) temp;
```

③ 枚举类型中的元素名是符号常量，不是字符串常量，使用时不要加双引号。

(2) 使用与计算。

枚举变量中存储的是整数，原则上可以进行任何整型变量能参与的运算，不过枚举类型是有特殊意义的类型，一般只进行比较和加、减一个整数的运算（原则上不要超过定义元素值的范围）。输出也是以有符号整数的方式输出变量的内容。

例如，对于 enum weekDay 类型变量 day1、day2，可以进行如下操作：

```
enum weekDay day1 = MON, day2;
day2 = ( enum weekDay) ( day1 + 1);       // 注意类型转换
if( day2 = = SUN)
{
    day2 = MON;
}
printf("day2 = %d", day2);                // 输出结果为 day2 = 2
```

(3) 典型用法。

① 作为函数的参数和返回值。

在函数定义中，可以使用枚举类型作为参数或返回值。这样可以限制函数的参数或返回值只能为枚举类型中的某些值，增加代码的安全性。

② 与选择结构一起使用。

使用枚举，可以方便地表示不同的状态、选项或者属性，将枚举变量的值与枚举元素名比较并进行相应的处理，不用关心具体的常量值，尤其是与 switch 语句一起使用，可以提高程序代码的可读性，更好地理解程序设计的思路，更加高效地编写程序。

程序代码 9-3-2：

```
#include "stdio. h"
/*********
    枚举类型名：weekDay
    功能：定义一周中每天的名称
    成员：MON = 1 星期一,
        TUE = 2 星期二,
        WED = 3 星期三,
        THU = 4 星期四,
```

```
            FRI = 5 星期五,
            SAT = 6 星期六,
            SUN = 7 星期日
**********/
typedef enum
{
    MON = 1, TUE, WED, THU, FRI, SAT, SUN
} weekDay;
/***************
函数: void outWeekday( weekDay day)
功能: 输出参数值是一周中的哪一天
参数: weekDay day, 要输出的枚举值
返回值: void, 无返回值
****************/
void outWeekday( weekDay day)
{
    switch (day)
    {
        case MON:
            printf("星期一\n");
            break;
        case TUE:
            printf("星期二\n");
            break;
        case WED:
            printf("星期三\n");
            break;
        case THU:
            printf("星期四\n");
            break;
        case FRI:
            printf("星期五\n");
            break;
        case SAT:
            printf("星期六\n");
            break;
```

```
            case SUN:
                printf("星期日\n");
                break;
        }
    }

    int main( )
    {
        // 遍历 weekDay 枚举元素,输出对应的星期名
        weekDay day = MON;
        for( int i = 0; i <= 6; i ++ )
        {
            outWeekday( ( weekDay)( day + i ) );
        }
    }
```

运行结果如下:

```
星期一
星期二
星期三
星期四
星期五
星期六
星期日
```

试一试:将枚举定义中的"MON = 1"改为"MON = 20",运行程序的结果是否改变,这说明了什么?

【任务实现】

分析:本任务中,可限定数值取值范围,使程序规范易理解,可以使用枚举类型解决。
程序代码 9-3-3:

```
#include "stdio.h"
#include "string.h"
#include "stdlib.h"
/******************* enumMethod ******************************/
/*********
枚举类型名:enumMethod
功能:规定程序记分方式
```

成员: HUNDRED, 百分制;
　　　FIVE, 五级分制
**********/
typedef enum
{
　　HUNDRED = 1,
　　FIVE = 2
} enumMethod;
/****************** typeScore *****************************/
/*********
共用体名: typeScore
具体定义参见前面程序代码9-2-3
**********/
/***************
函数: void inputScore(typeScore * sc)
功能: 为共用体 typeScore 类型变量输入数据
参数: typeScore * sc, 要输入数据的共用体变量的地址;
enumMethod method, 以哪种记分方式记录成绩, HUNDRED 为百分制, FIVE 为五级分制
返回值: void, 无返回值
***************/
/*********此处修改***************/
void inputScore(typeScore * sc, enumMethod method)
{
　　switch (method)
　　{
　　　　case HUNDRED:
　　　　　　printf("百分制分数(1-100) : ");
　　　　　　scanf("%d", &sc- > score100) ;
　　　　　　break;
　　　　case FIVE:
　　　　　　printf("五级分制分数(优秀、良好、中等、及格、不及格) : ");
　　　　　　scanf("%s", &sc- > score5) ;
　　　　　　break;
　　}
　　/*********修改结束***************/
}

/***************
 函数: void outScore(typeScore *sc)
 功能: 输出共用体 typeScore 类型变量数据
 参数: typeScore *sc, 要输出数据的共用体变量的地址;
     enumMethod method, 以哪种记分方式输出成绩, HUNDRED 为百分制, FIVE 为五级分制
 返回值: void, 无返回值
***************/
/********* 此处修改 ***************/
void outScore(typeScore *sc, enumMethod method)
{
    switch(method)
    {
        case HUNDRED:
            printf("%d\n", sc->score100) ;
            break;
        case FIVE:
            printf("%s\n", sc->score5) ;
    }
    /********* 修改结束 ***************/
}
/******************* course ****************************/
/*********
 结构体别名: course
 功能: 存储课程成绩信息
 成员: char cName[20], 课程名称;
       int score, 分数;
       int method, 记分方式, 1 为百分制, 2 为五级分制
**********/
typedef struct
{
    char cName[20];
    /********* 此处修改 ***************/
    enumMethod method;
    /********* 修改结束 ***************/
    typeScore score;
} course;

```c
/***************
  函数: void inputCourse( course * cur)
  功能: 为结构体 course 类型变量输入数据
  参数: course * cur,要输入数据的结构体变量的地址
  返回值: void,无返回值
***************/
void inputCourse( course * cur)
{
    printf("课程名称:");
    scanf("%s", &cur->cName);
    /*********此处修改***************/
    printf("记分方式(%d: 百分制,%d: 五级分制):", HUNDRED, FIVE);
    /* 循环输入,直到输入正确值 */
    int temp;
    while( scanf("%d", &temp) )
    {
        if( temp == HUNDRED || temp == FIVE)
        {
            cur->method = ( enumMethod) temp;
            break;
        }
        else
        {
            printf("记分方式错误,请重新输入(%d: 百分制,%d: 五级分制):",
                HUNDRED, FIVE);
        }
    }
    /*********修改结束***************/
    inputScore( &cur->score, cur->method);
}
/***************
  函数: void outCourse( course * cur)
  具体定义参见程序代码9-2-3
***************/
int main( )
{
    // 具体语句参见程序代码9-2-3
}
```

项目九 创建复杂的数据类型

运行结果1如下：

课程名称:C语言
记分方式(1:百分制,2:五级分制):3↙
记分方式错误,请重新输入(1:百分制,2:五级分制):1↙
百分制分数(1-100):87
C语言课程信息如下:
C语言:87

运行结果2如下：

课程名称:信息技术
记分方式(1:百分制,2:五级分制):3↙
记分方式错误,请重新输入(1:百分制,2:五级分制):0↙
记分方式错误,请重新输入(1:百分制,2:五级分制):2↙
五级分制分数(优秀、良好、中等、及格、不及格):中等
信息技术课程信息如下:
信息技术:中等

试一试：

① 将枚举类型的值更改，看看程序是否能正确运行。

② 在输入五级分制成绩时，用户直接输入，既麻烦又不规范，参考记分方式，试着定义相应的枚举类型，更改五级分制成绩的输入方式。

项目小结

本项目通过三个任务，介绍了结构体的定义、结构体变量的定义和使用、结构体数组、结构体指针、在函数中使用结构体、共用体的定义、共用体变量定义和使用、枚举的定义、枚举变量的定义和使用等有关C语言复杂构造数据类型的知识。

拓展阅读

慈云桂(1917年—1990年),是中国电子计算机领域的杰出专家,被誉为"中国巨型计算机之父"。他的一生为中国计算机事业的发展做出了巨大贡献。

慈云桂教授于1935年毕业于安徽省桐城中学,随后在1942年毕业于湖南大学。他曾在英国考察雷达技术,回到中国后在清华大学物理系从事无线电实验室的创建工作。此后,他在国防科技大学担任副校长和教授,并长期从事无线电通信雷达和计算机方面的教学和科研工作。

在科研方面,慈云桂教授研制成功了中国第一台专用数字计算机样机,以及多台晶体管通用数字计算机,如441B-Ⅰ型、441B-Ⅱ型和441B-Ⅲ型大中型晶体管通用数字计算

机,这些成果极大地推动了中国计算机事业的发展。他还成功研制出 200 万次的大型集成电路通用数字计算机 151-3/4 型,并在后来领导研制成功中国第一台亿次级巨型计算机,使中国计算机事业进入了一个新阶段。

值得一提的是,慈云桂教授在国防科技领域也做出了重要贡献。当时,海军装备的鱼雷快艇在瞄准系统上存在严重问题,慈云桂教授主动请缨,带领小组研制出了鱼雷快艇指挥仪,实质上就是中国第一台军用数字计算机。这项技术的成功研制,极大地提升了我国海军的战斗力。

课后习题

一、单选题

1. 在说明一个结构体变量时,系统分配给它的存储空间是(　　)。
   A. 该结构体中第一个成员所需的存储空间
   B. 该结构体中最后一个成员所需的存储空间
   C. 该结构体中占用最大存储空间的成员所需的存储空间
   D. 该结构体中所有成员所需存储空间的总和且是结构体对齐数的整数倍

2. 结构体变量在程序执行期间(　　)。
   A. 所有成员一直驻留在内存中　　B. 只有一个成员驻留在内存中
   C. 部分成员驻留在内存中　　　　D. 没有成员驻留在内存中

3. 设有以下说明语句:

```
typedef struct
{
    int n;  char ch[8];
}PER;
```

则下列叙述正确的是(　　)。
   A. PER 是结构体变量名　　　　　B. PER 是结构体类型名
   C. typedef struct 是结构体类型　D. struct 是结构体类型名

4. 下列关于枚举的叙述不正确的是(　　)。
   A. 枚举变量只能取对应枚举类型的枚举元素表中的元素
   B. 可以在定义枚举类型时对枚举元素进行初始化
   C. 枚举元素表中的元素有先后次序,可以进行比较
   D. 枚举元素的值可以是整数或字符串

5. 下列关于 typedef 的叙述不正确的是(　　)。
   A. 用 typedef 可以定义各种类型名,但不能用来定义变量
   B. 用 typedef 可以增加新的类型
   C. 用 typedef 只是将已存在的类型用一个新的名称来代表
   D. 使用 typedef 便于程序的通用

6. 设有以下说明:

union data
{
    int i; char c; float f;
} a;

则下列叙述不正确的是(   )。

A. a 所占的内存长度等于成员 f 所占的内存长度

B. a 的地址和它的各成员地址都是同一地址

C. a 不可以作为函数参数

D. 不能对 a 整体赋值,如 a = 1.5 是错误的

7. 下列对结构体变量 stu1 中成员 age 的引用是非法的是(   )。

struct student
{
    int age; int num;
} stu1, * p;
p = &stu1;

A. stu1.age   B. student.age   C. p -> age   D. (* p).age

8. 设有以下定义:

struct sk
{
    int a; float b;
} data;
int * p;

若要使 p 指向 data 中的 a 域,则下列赋值语句正确的是(   )。

A. p = &a;   B. p = data.a;   C. p = &data.a;   D. * p = data.a;

9. 下列叙述正确的是(   )。

A. 可以对共用体变量直接赋值

B. 一个共用体变量中可以同时存放其所有成员

C. 一个共用体变量中不能同时存放其所有成员

D. 共用体类型定义中,不能出现结构体类型的成员

10. 阅读下面的程序:

main( )
{
    struct cmplx
    {
        int x; int y;

```
    }com[2] = {1,3,2,7};
    printf("%d\n",com[0].y/com[0].x*com[1].x);
}
```

上面程序的输出结果为(　　)。
A. 0　　　　　　B. 1　　　　　　C. 3　　　　　　D. 6

二、填空题

1. 在C语言中,结构体类型和共用体类型都属于_____类型。
2. 定义结构体类型的关键字是_____。
3. 定义共用体类型的关键字是_____。
4. 引用结构体变量stu中num成员的方式是_____。
5. 在结构体变量a中,定义了一个int类型的成员和一个float类型的成员,那么系统为变量a分配的内存是_____字节。

三、编程题

某班有20名学生,每名学生的数据包括学号、姓名、3门课成绩,从键盘上输入20名学生的数据,要求打印出3门课的总平均成绩及最高分的学生数据(包括学号、姓名、3门课成绩、平均成绩)。

项目十 了解编译预处理与文件

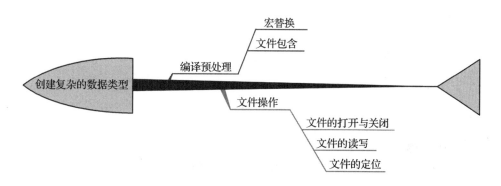

任务1 认识编译预处理

【任务目标】

知识目标:理解宏定义的作用,能够区分不带参数的宏定义和带参数的宏定义。
技能目标:能够使用宏定义解决实际问题。
品德品格:养成预习的好习惯,提高学习效率。

【任务描述】

用带参数的宏判断 x 是否为奇数。

【预备知识】

在 C 语言中,凡是以"#"号开头的行都称为编译预处理命令行。在此之前我们常用的由#include、#define开始的程序行就是编译预处理命令行。

所谓编译预处理,就是在C编译程序对C源程序进行编译前,由编译预处理程序对这些编译预处理命令行进行处理的过程。

C语言的预处理命令有:#define、#undef、#include、#if、#else、#elif、#endif、#ifdef、#ifndef、#line、#pragma、#error。这些预处理命令组成的预处理命令行必须在一行的开头以"#"号开始,每行的末尾不得加";"号结束,以区别于C语句、定义和说明语句。这些命令行的语法与C语言中其他部分的语法无关;它们可以根据需要出现在程序的任何一行的开始部位,其作用范围一直持续到源文件的末尾。本节将重点介绍#define和#include命令行的应用。

在C语言源程序中,允许用一个标识符来表示字符串,称为宏。被定义为宏的标识符称为宏名。在编译时,对程序中所有出现的宏名,都用宏定义中的字符串来替换,这个替换的过程称为宏替换或宏展开。

宏定义是由源程序中的宏命令来完成,宏替换是由预处理程序自动完成,宏替换不占用程序的运行时间。

宏按照有无参数,分为无参数的宏和带参数的宏。

一、无参数的宏定义

1. 无参数的宏定义的一般形式

```
#define 宏名  替换文本
```

"#"是编译预处理的标志,define为宏定义命令。替换文本可以是常量、表达式、格式串等。前面介绍过的符号常量的定义就是一种无参数的宏定义。例如:

```
#define  PI  3.1416
#define  SIZE  20
```

以上标识符PI、SIZE称为宏名,是用户定义的标识符,因此不得与程序中的其他名字相同。在编译时,在此命令行之后,预处理程序对源程序中的所有名为PI和SIZE的标识符用3.1416和20来替换,但不能认为PI等于3.146、SIZE等于20。

2. 注意事项

① 宏定义是用宏名来表示一串文本,这只是一种简单的替换,编译预处理对它不作任何检查。如果有错误,只能在编译已被宏替换后的源程序里发现。

② 当宏定义在一行中写不下,需要在下一行继续时,只需在最后一个字符后紧接着加一个反斜线"\"。例如:

```
#define  LEAP-YEAR    year%4 == 0\
&&   year%100! = 0||year%400 == 0
```

如果在"\"前或下一行的开头留有许多空格,则在宏替换时也将加入这些空格。

③ 同一个宏名不能重复定义,除非两个宏定义命令行完全一致。

④ 替换文本不能替换双引号中与宏名相同的字符串。例如:

```
#define OK  6
void main()
{
    printf("OK");
}
```

运行结果如下:

OK

通过本例可以看出,""中与宏名相同的 OK 不能用与它相关的替换文本来替换。

⑤ 用作宏名的标识符通常用大写字母表示,这并不是语法规定,只是一种习惯,以便与程序中的其他标识符区别。

⑥ 宏定义允许嵌套,即替换文本中可以包含已定义过的宏名。例如:

```
#define PI 3.14
#define ADDPI (PI+1)
#define TWO_ADDPI (2*ADDPI)
void main()
{
    …
    x = TWO_ADDPI/2;
    …
}
```

当程序运行到 x = TWO_ADDPI/2 时则进行替换,表达式将成为 x = (2 * 3.14 + 1)/2。如果第二行和第三行中的替换文本不加括号,直接写成"PI + 1"和"2 * ADDPI",则以上表达式展开后将成为 x = 2 * 3.14 + 1/2。由此可见,在使用宏定义时一定要考虑到替换后的实际情况,否则很容易出错。

二、带参数的宏定义

C 语言中允许宏带有参数。在宏定义中的参数称为形参,在宏替换中的参数称为实参。对带参数的宏,在调用中不仅要宏替换,而且要用实参去替换形参。

1. 带参数的宏定义的一般形式

#define 宏名(形参表) 替换文本

例如:

#define MY(x,y) ((x)-(y))

2. 带参数的宏调用的一般形式

宏名(实参表);

例如:

a = MY(5,2)   // 引用带参的宏名
b = 6/MY(a+2,a);

3. 注意事项

① 带参数的宏定义中,宏名和左括号"("必须紧挨着,它们之间不得留有空格,否则宏替换之后得到的结果与宏定义的意图相违背。

② 在带参数的宏定义中,形式参数不分配内存单元,因此不必作类型定义。而宏调用中的实参有具体的值,要用它们去替换形参,因此必须作类型说明,这点与函数调用的情况不同。例如,调用MY,既可以求两个整数的差,也可以求两个实数的差。而如果是调用函数来求两数之差,则对不同类型的参数需要定义不同的函数。函数调用时进行值的传递;而带参数的宏中,只是符号替换,不存在值的传递问题。

③ 和无参数的宏定义相同,同一个宏名不能重复定义,除非两个宏定义命令行完全一致。

④ 在替换带参数的宏名时,一对圆括号必不可少,圆括号中实参的个数应该与形参的个数一致,若有多个参数,它们之间应该用","分隔。

在编译时编译预处理程序用替换文本来替换宏,并用对应的实参来替换文本中的形参。例如,以上的,若定义 a = MY(5,2),在经过宏替换后将成为 a = ((5) - (2));b = 6/MY(a+2,a),在经过宏替换后将成为 b = 6/((a+2) - (a))。

⑤ 在宏定义中,替换文本中的形参和整个表达式应该用括号括起来,以免出错。例如,上例中的宏定义写成:

#define   MY(x,y)   x-y

则在对 b = 6/MY(a+2,a)进行宏替换后,表达式将成为
b = 6/a+2-a
它与 b = 6/((a+2)-(a))是两个不同的表达式。如果上例中的宏定义写成:

#define   MY(x,y)   (x)-(y)

则在对 b = 6/MU(a+2,a)进行宏替换后,表达式将成为 b = 6/(a+2)-(a),它与 b = 6/((a+2)-(a))也是两个不同的表达式。

⑥ 替换是在编译时由预处理程序完成的,因此宏替换不占运行时间;而函数调用是在程序运行时进行的,在函数调用过程中需要占用一系列的处理时间。实际上,在<ctype.h>中的有关字符处理的函数都是由宏来实现的。

⑦ 带参数的宏替换中,实参不能替换括在双引号中的形参。

三、终止宏定义

在C程序中,宏定义的定义位置一般写在程序的开头(函数之外定义),其作用域为从定义命令开始到源程序结束。

如果要提前终止作用域,可使用#undef命令。例如:

```
#define  X  3.46
void main()
{…
}
#undef  X
f1()
{…}
```

表示 X 只在 main() 函数中有效,在 f1() 函数中无效。

【任务实现】

程序如下:

```
#define JISHU(x)  (((x)%2==1)?1:0)
#include "stdio.h"
void main()
{
    int x, flag;
    printf("请输入一个整数:");
    scanf("%d", &x);
    flag = JISHU(x);
    if (flag == 1)  printf("%d 是奇数", x);
    else printf("%d 不是奇数", x);
}
```

运行结果如下:

请输入一个整数:6 ↙
6 不是奇数

再运行一次,结果如下:

请输入一个整数:7 ↙
7 是奇数

试一试:用带参数的宏,求两个数的最大数。

【知识拓展】

1. **阅读程序并观察循环体的执行次数**

下列程序中循环体的执行次数是_____。

```c
#define A 2
#define B A+1
#define N 2*B+1
#include "stdio.h"
void main( )
{
    int i;
    for(i=1;i<N;i++)
        printf("%d",i);
}
```

参考答案:5。

分析:此题关键点在于求出 N 的值,这是一个嵌套的宏定义,经过宏替换 N 的值为 2*A+1+1,而 A 的值为 2,则 N 的值为 6。此题的难点在于要学会审题,本题求的是循环体执行的次数,循环条件是 i<N(i<6),相当于 i<=5,循环初值 i=1,则循环次数为 5。

2. 使用其他文件

在用 C 语言开发程序时,我们可以把一些宏定义按照功能分别存入不同的文件中,当我们需要使用某类宏定义时,就无须在程序中重新去定义,而只要把这些宏定义所在的文件包含在程序的开头就可以了(当然文件中还可以包含其他内容)。

所谓文件包含,是指在一个文件中,去包含另一个文件的全部内容。C 语言用 #include 命令行来实现文件包含的功能。#include 命令行的形式如下:

#include "文件名" 或#include   <文件名>

在预编译时,预编译程序将用指定文件中的内容来替换此命令行。如果文件名用双引号括起来,系统先在源程序所在的目录内查找指定的包含文件,如果找不到,再按照系统指定的标准方式到有关目录中去寻找。如果文件名用尖括号括起来,系统将直接按照系统指定的标准方式到有关目录中去寻找。

说明:

① #include 命令行通常书写在所用文件的开头,故有时也把包含文件称作"头文件"。头文件名可以由用户指定,其后缀不一定用". h"。

② 包含文件中,一般包含有一些公用的#detine 命令、外部说明或对(库)函数的原型说明。例如,stdio. h 就是这样的头文件。

③ 当包含文件被修改后,对包含该文件的源程序必须重新进行编译连接。

④ 在一个程序中,允许有任意多个#include 命令行,在有多个文件包含时,要注意包含的顺序。

⑤ 在包含文件中还可以包含其他文件。

例 10-1-1　多个文件包含举例。

f1. c 内容:

```
int sum( int x, int y)
{
    int z;
    z = x + y;
    return z;
}
```

f2.c 内容:

```
int minus( int x, int y)
{
    int z;
    z = x-y;
    return z;
}
```

f3.c 内容:

```
int fun( int a, int b)
{
    int c;
    printf("请输入两个数:");
    scanf("%d,%d", &a, &b);
    c = sum( a, b) + minus( a, b);
    return c;
}
```

假如某文件中要包含这 3 个文件,正确的包含顺序应该是:

```
#include "f1.c"
#include "f2.c"
#include "f3.c"
```

假如顺序改为

```
#include "f3.c"
#include "f2.c"
#include "f1.c"
```

会发生错误,因为 f3 函数中需要调用 f1 和 f2 中的函数,而由于文件包含的顺序,使得 f3 前面没有这两个函数的定义,从而产生"编译时函数没有定义"的错误。

任务2　使用文件操作

子任务2-1　打开与关闭文件

【任务目标】

　　知识目标:理解文件的概念,了解文件的存取方式。
　　技能目标:正确使用文件,并能正确选择文件的存取方式。
　　品德品格:学习工匠精神,保持严谨的工作作风;做人做事要有边界感,掌握好度。

【任务描述】

　　打开文件 text.txt,判断并输出文件打开的状态信息,然后关闭文件。

【预备知识】

一、文件的概念

　　在此之前,所有输入/输出只涉及键盘和显示器。在运行 C 程序时我们通过键盘输入数据,并借助显示器把程序的运算结果显示出来。但是,计算机作为一种先进的数据处理工具,它所面对的数据信息量十分庞大。若仅依赖于键盘输入和显示器输出等方式是完全不够的,通常,解决的办法是将这些数据记录在某些介质上,利用这些介质的存储特性,携带数据或长久地保存数据,这种记录在外部介质上的数据的集合称为文件。

　　其实,我们对文件并不陌生,在本书的开头,读者在编写 C 语言的简单程序时,就知道在多种 C 语言的集成环境下或在某些编辑系统中将源程序输入计算机,然后把它们以文件的形式存储,这些文件我们称为源程序文件,或叫文本文件等。

　　计算机的文件分类方法有很多,我们仅讨论通过 C 程序的输入/输出操作所涉及的、存储在外部介质上的文件,这类文件通常称为数据文件,并以磁盘作为文件的存储介质。

　　在程序中,当调用输入函数从外部文件中输入数据赋给程序中的变量时,这种操作称为"输入"或"读";当调用输出函数把程序中变量的值输出到外部文件中时,这种操作称为"输出"或"写"。

　　C 语言中,对于输入/输出的数据都按数据流的形式进行处理,也就是说,输出时,系统不添加任何信息,输入时,逐一读入数据,直到遇到 EOF 或文件结束标志为止。C 程序中的输入/输出文件,都以数据流的形式存储在介质上。

二、文件的存取方式

1. 存取方式的分类

对文件的输入/输出方式也称"存取方式",C 语言中,有两种对文件的存取方式:顺序存取和直接存取(随机存取)。

2. 存取方式的特点

顺序存取文件的特点是:每当打开这类文件进行读或写操作时,总是从文件的开头开始,从头到尾顺序地读或写。也就是说,当顺序存取文件时,要读第 n 个字节时,先要读取前 n-1 个字节,而不能一开始就读到第 n 个字节;要写第 n 个字节时,先要写前 n-1 个字节。

直接存取文件又称随机存取文件,其特点是:可以通过调用 C 语言的库函数去指定开始读(写)的字节号,然后直接对此位置上的数据进行读(写)操作。

三、文件的分类

数据可以按文本形式或二进制形式存放在介质上,因此可以按数据的存放形式分为文本文件和二进制文件。这两种文件都可以用顺序方式或直接(随机)方式进行存取。本书只讨论按这两种存取方式存储在磁盘介质上的文本文件和二进制文件。

1. 文本文件

所谓文本文件,是指当输出时数据按面值转换成一串字符,每个字符以字符的 ASCII 值存储到文件中,一个字符占一个字节。例如,int 类型的整数 1234 在内存中占两个字节,当把它以字符代码的形式存储到文件中时,系统将把它转换成 1、2、3、4 四个字符的 ASCII 值并把这些代码依次存入文件,在文件中占四个字节。又如,float 类型的数 33.4572 在内存中占四个字节,系统将把它转换成 3、3、.、4、5、7、2 八个字符的 ASCII 值存入文件,在文件中占八个字节。在前面,当用 printf( ) 函数进行输出时就进行这样的转换,只是在内部处理过程中,指定了输出文件为终端屏幕。反之,当输入时,又把指定的一串字符按类型转换成数据,并存入内存。

2. 二进制文件

当数据按二进制形式存储到文件中时,数据不经过任何转换,按计算机内的存储形式直接存放到磁盘上,也就是说,对于 char 类型的数据,每个字符占一个字节;对于 int 类型的数据,每个数据占两个字节;float 类型的每个数据占四个字节;其他以此类推。当从二进制文件中读入数据时,不必经过任何转换,直接将读入的数据存入变量所占内存空间。由此可见,因为不存在转换操作,所以提高了对文件输入/输出的速度。

注意:不能将二进制数据直接输出到终端屏幕,也不能从键盘上输入二进制数据。

ANSI 标准规定,在对文件进行输入或输出的时候,系统将为输入或输出文件开辟缓冲区。所谓缓冲区,是系统在内存中为各文件开辟的一片存储区。当对某文件进行输出时,系统首先把输出的数据填入为该文件开辟的缓冲区内,每当缓冲区被填满时,就把缓冲区中的内容一次性地输出到对应文件中。当从某文件输入数据时,首先将从输入文件中输入一批数据放入该文件的内存缓冲区中,输入语句将从该缓冲区中依次读取数据;当该缓冲区中的数据被读完时,将再从输入文件中输入一批数据放入缓冲区。

四、文件的打开与关闭

对文件的操作只有读和写两种,通常情况下,将内存中的数据写入文件,称为文件的输出;将文件中的数据读入内存,称为文件的输入。在 C 语言中,以缓冲文件系统方式读写文件的步骤如下:

① 定义文件指针。
② 打开文件。
③ 读写文件。
④ 关闭文件。

1. 定义文件指针

文件指针,实际上是指向一个结构体类型的指针变量,这个结构体中包含诸如缓冲区的地址、在缓冲区中当前存取的字符的位置、对文件是"读"还是"写"、是否出错、是否已经遇到文件结束标志等信息。用户不必去了解其中的细节,所有一切都在 stdio. h 头文件中进行了定义,并称此结构体类型名为 FILE,可以用此类型名来定义文件指针。一般格式如下:

FILE *指针变量名;

例如:

FILE *fp;

其中,fp 就是所定义的文件指针。FILE 类型及所有的文件读写函数和相关常量都定义在头文件 stdio. h 中,在源程序的开头要包含头文件 stdio. h。

2. 打开文件 fopen( )

在对文件进行读、写操作之前,首先要解决的问题是如何把程序中要读、写的文件与磁盘上实际的数据文件联系起来。在 C 语言中,只需调用 C 语言提供的库函数 fopen( )打开文件就可实现这些联系。函数 fopen( )的一般调用格式如下:

文件指针 = fopen(文件名,文件使用方式);

若文件打开成功,则返回一个文件指针;若文件打开失败,则返回空值 NULL。NULL 在头文件 stdio. h 中被定义为 0。文件使用方式及其含义如表 10-2-1 所示。

表 10-2-1 文件的使用方式

文件类型	文件使用方式	含义	处理方式
文本文件	r	为读而打开文本文件	只读
	w	为写而打开或创建文本文件	只写
	a	为在文件后面添加数据而打开或创建文本文件	添加
	r+	为读和写而打开文本文件	读写
	w+	建立一个新的文本文件,进行写操作,然后可以从头开始读。如果指定的文件已存在,则原有的内容将全部消失	读写
	a+	为在文件后面添加数据而打开文本文件	读写

续表

文件类型	文件使用方式	含义	处理方式
二进制文件	rb	为读而打开二进制文件	只读
	wb	为写而打开或创建二进制文件	只写
	ab	为在文件后面添加数据而打开或创建二进制文件	添加
	rb +	为读和写而打开二进制文件	读写
	wb +	为读和写而打开或创建二进制文件	读写
	ab +	为在文件后面添加/读/写而打开或创建二进制文件	读写

由表 10-2-1 可看出,文件使用方式由"r""w""a""b"" + "5 个字符拼成,各字符的含义是:r(read)读、w(write)写、a(append)追加、b(binary)二进制文件、+ 读和写。这 5 个字符互相组合就构成了表 10-2-1 所示的 12 种文件的使用方式。

说明:

① 在打开一个文件时,如果出错,fopen( )函数将返回一个空指针值 NULL。在程序中可以用这一信息来判别是否完成了打开文件的工作,并作相应的处理。常用以下程序段打开文件:

```
if ( ( fp = fopen ("text. txt","r") ) = = NULL)
{
    printf("不能打开 text. txt 文件");
    getchar( );
    exit(0);
}
```

这段程序的意义是:如果返回的指针为空,表示不能打开 text. txt 文件,则给出提示信息不能打开 text. txt 文件,下一行函数 getchar( )的功能是从键盘上输入一个字符,但不在屏幕上显示。在这里,该语句的作用是等待,只有当用户从键盘上按任意键时,程序才继续执行,因此用户可利用这个等待时间阅读出错提示。按键后执行"exit(0);"语句退出程序。exit(0)是终止程序运行的函数,其功能是强迫当前程序的继续运行,自动关闭已经打开的文件。

② 用"r"打开一个文件时,该文件必须已经存在,且只能对该文件读。用"w"打开的文件只能向该文件写入,若打开的文件不存在,则以指定的文件名建立该文件,若打开的文件已存在,则将该文件删去,重建一个新文件。

③ 若要向一个已存在的文件追加新的信息,只能用"a"打开文件。但此时该文件必须是存在的,否则将会出错。

④ 把一个文本文件读入内存时,要将 ASCII 转换成二进制码,而把文件以文本方式写入磁盘时,也要把 ASCII 转换成二进制码,因此文本文件的读写要花费较多的转换时间。对二进制文件的读写不存在这种转换。

3. 关闭文件 fclose( )

当对文件的读(写)操作完成之后,必须将它关闭。关闭文件可调用库函数 fclose( ) 来实现,函数 fclose( ) 的调用格式如下:

fclose(文件指针);

若 fp 是指向文件 file_a 的文件指针,当执行了 "fclose(fp);" 之后,若对文件 file_a 的操作方式为"读"方式,以上函数调用之后,使文件指针 fp 与文件 file_a 脱离联系。可以重新分配文件指针 fp 去指向其他文件。若对文件 file_a 的操作方式为"写"方式,则系统首先把该文件缓冲区中的剩余数据全部输出到文件中,然后使文件指针 fp 与文件 file_a 脱离联系。由此可见,在完成了对文件的操作之后,应当关闭文件,否则文件缓冲区中的剩余数据就会丢失。

当成功地执行了关闭操作,函数 fclose( ) 返回 0,否则返回非 0。可以通过返回值监控文件的打开与关闭是否正常进行。

【任务实现】

分析:首先,定义文件指针 fp,再使用函数 fopen( ) 打开文件;其次,判断文件是否打开成功,并输出文件状态信息;最后,关闭文件。源代码见程序 10-2-1:

```c
#include <stdio.h>
void main( )
{
    FILE *fp;
    fp = fopen("text.txt","r");
    if(fp == NULL)
        printf("文件打开失败!");
    else
        printf("文件打开成功!");
    fclose(fp);
}
```

说明:

① 运行程序时,当前目录中必须有 text.txt 文件,否则打开文件失败;text.txt 文件的建立方式在下一节中有具体讲解。

② 打开文件函数 fopen( ) 和关闭文件函数 fclose( ) 都是通过函数来实现的,这两个系统函数定义在头文件 stdio.h 中,所以在程序开头必须包含"#include <stdio.h>"。

子任务2-2 读与写文本文件

【任务目标】

知识目标:能够正确地使用 fgetc( )、fputc( )函数读取、写入文件字符和文件字符串。

技能目标:能够正确地使用 fscanf( )函数从文本文件中按格式输入、使用 fprintf( )函数按格式将内存数据输出到文本文件中。

品德品格:学会对信息的有效管理,具备良好的使用文件操作的习惯。

【任务描述】

编写一段程序,从键盘上输入一串字符"All this happened, more or less.",然后保存在文件 text.txt 文件中。

【预备知识】

文件的读写通过函数进行。文本文件的读写函数主要有 fgetc( )和 fputc( )、fgets( )和 fputs( )、fscanf( )和 fprintf( ),其调用形式如表 10-2-2 所示。

表 10-2-2 文本文件的读写函数

函数名	调用形式	功能	返回值
fgetc	fgetc(fp);	从文件指针 fp 所指的文件中读一个字符	读成功,返回所读的字符;否则,返回 EOF(值为 -1)
fputc	fputc(ch,fp);	将字符 ch 写入文件指针 fp 所指的文件中	写成功,返回该字符;否则返回 EOF
fgets	fgets(str,n,fp);	从文件指针 fp 所指的文件中读长度为(n-1)的字符串并存入起始地址为 str 的空间中	读成功,返回地址 buf;若遇文件结束或出错,返回 NULL
fputs	fputs(str,fp);	将字符串 str 写入文件指针 fp 所指的文件中	写成功,返回文件实际字符个数即正整数;否则返回 -1
fscanf	fscanf(fp,"%d",&a);	从文本文件中按格式输入	
fprintf	fprintf(fp,"%d",a);	按格式将内存中的数据转换成对应字符,并以 ASCII 形式输出到文本文件中	

表 10-2-2 中的 EOF 是文件结束标志,定义在头文件 stdio.h 中,其值为 -1,可用来判断文本文件是否结束。

一、字符的读写

下面以两道例题来演示 fgetc( )和 fputc( )函数的使用。

例 10-2-1 把从键盘输入的文本按原样输出到 file.dat 文件中,用字符@作为键盘输入结束标志。

算法步骤如下:

① 打开文件。

② 从键盘输入一个字符。

③ 判断输入的字符是否是字符@;若是,结束循环,执行步骤⑦。

④ 把刚输入的字符输出到文件中。

⑤ 从键盘输入一个字符。

⑥ 重复步骤③至⑤。

⑦ 关闭文件。

⑧ 程序结束。

程序如下:

```
#include "stdlib.h"
#include "stdio.h"
void main()
{
    FILE *fp;
    char ch;
    if((fp = fopen("file.dat","w")) == NULL)
    {
        printf("不能打开此文件!\n");
        exit(0);
    }
    ch = getchar();
    while(ch!='@')
    {
        fputc(ch,fp);
        ch = getchar();
    }
    fclose(fp);
}
```

运行结果如下:

hello! @↙

例 10-2-2 把一个已存在磁盘上的 file.dat 文本文件中的内容,原样输出到终端屏幕上。

算法步骤如下:

① 打开文件。
② 从指定文件中读入一个字符。
③ 读入的是否是文件结束标志;若是,结束循环,执行步骤⑦。
④ 把刚输入的字符输出到终端屏幕上。
⑤ 从文件中再读入一个字符。
⑥ 重复步骤③至⑤。
⑦ 关闭文件。
⑧ 程序结束。

程序如下:

```c
#include "stdlib.h"
#include "stdio.h"
void main()
{
    FILE *fpin;
    char ch;
    if((fpin=fopen("file.dat","r"))==NULL)
    {
        printf("不能打开此文件!\n");
        exit(0);
    }
    ch=fgetc(fpin);
    while(ch!=EOF)
    {
        putchar(ch);
        ch=fgetc(fpin);
    }
    fclose(fpin);
}
```

运行结果如下:

hello!

由此程序可见,例 10-2-1 所产生的文件 file.dat 中的内容为运行时输入的内容。

二、字符串的读写

下面以一道例题来演示 fgets() 函数的使用情况。

例 10-2-3 使用 fgets() 函数来读取文件 file.dat 中一个包含 6 个字符的字符串。

```
#include "stdlib.h"
#include "stdio.h"
void main()
{
    FILE *fp;                        // 定义文件指针
    char str[7];                     // 定义数组
    int i;
    if((fp = fopen("file.dat","r")) == NULL)
    {
        printf("不能打开此文件!\n");
        exit(0);
    }
    fgets(str, 7, fp);               // 读取 file.dat 中的字符串
    printf("%s", str);
    fclose(fp);                      // 关闭文件
}
```

【任务实现】

(1) 首先定义文件指针 fp,定义字符数组 str,用来存放输入的字符串。其次,以写文本文件方式打开文件 text.txt,如果打开文件失败,则输出错误信息并结束程序;否则,打开文件成功,则从键盘上输入数据。最后,将字符数组 str 中的字符写入文件 text.txt,并关闭文件。

程序如下:

```
#include "stdlib.h"
#include "stdio.h"
void main()
{
    FILE *fp;                        // 定义文件指针
    char str[20];                    // 定义数组
    int i;
    fp = fopen("text.txt","w");      // 以写文本文件方式打开文件
    if(fp == NULL)                   // 如果打开文件失败,则结束程序
    {
        printf(" 不能打开文件!");
        exit(0);
    }
```

```
        printf("请输入一个字符串:");
        gets(str);                  // 输入一个字符串
        i=0;
        while(str[i] != '\0')
        {
            fputc(str[i], fp);      // 将字符数组中的一个字符写入文件
            i++;
        }
        fclose(fp);                 // 关闭文件
        getch();
    }
```

运行结果如下:

请输入一个字符串:hello!↙

此程序使用了字符数组,与例10-2-1略有不同,但编程效果相同,殊途同归。

【任务扩展】

使用fscanf()和fprintf()函数,将3名学生的考试成绩存入一个文件,并将读取结果显示在屏幕上。

分析:fscanf()和fprintf()函数与scanf()和printf()函数的功能相似,都是格式化读写函数。两者区别在于:fscanf()和fprintf()函数的读写对象不是键盘和显示器,而是磁盘文件;将一批数据按某种格式写入文件后,再重新读取时,要按照写入时的数据格式读取,否则会发生错误。

子任务2-3 读与写二进制文件

【任务目标】

知识目标:能够正确理解fread()、fwrite()函数的调用与功能。
技能目标:能够正确地使用fread()、fwrite()函数读取、写入二进制文件。
品德品格:学会以协作精神完成项目,能够知晓方法总比问题多的道理。

【任务描述】

将3名学生的考试成绩存入文件中,并将读取结果显示在屏幕上。

【预备知识】

上节课中,讲解了文本文件的读写操作,在计算机中文件实际上都是以二进制的形式存于硬盘上,然而二进制数据不能作为字符来进行读写。所以 C 语言提供了 fread( ) 函数和 fwrite( ) 函数,这两个函数可以直接以二进制的形式来操作文件。下面将对 fread( ) 和 fwrite( ) 函数进行详细的讲解。

一、使用 fwrite( )函数向文件写入数据

1. 一般格式

fwrite(buffer, size, n, fp);

其中,buffer 存放数的内存首地址;size 是无符号整数,表示每块数据的字节数;n 也是无符号整数,表示每次读取或输入/输出的数据块个数(每个数据块具有 size 字节);fp 是文件指针,指向打开的可写文件。

2. 功能

将 buffer 指向的内存区域的 n 块字节数为 size 的数据块写入 fp 所指向的文件中。若函数运行正确,则返回 n 值;否则返回 NULL 值。

二、使用 fread( )函数读取文件中的数据

1. 一般格式

fread(buffer, size, n, fp);

其中,buffer 是存放数的内存首地址;size 是无符号整数,表示每块数据的字节数;n 也是无符号整数,表示每次读取或输入/输出的数据块个数(每个数据块具有 size 字节);fp 是文件指针,指向打开的可读文件。

2. 功能

从 fp 所指向的文件中读取 n 块字节数为 size 的数据块,将这些数据块存入 buffer 指定的内存区。若函数运行正确,则返回 n 值;否则,返回 NULL 值。

说明:

① size 表示数据块长度,一般用"sizeof(数据类型)"来确定。如一个构造型数据,其 size 为 sizeof(struct 结构体名)。

② 读写 n 个数据块后,文件中的位置指针会自动后移 n×size 个字节的位置。

【任务实现】

程序如下:

```c
#include <stdlib.h>
#include <stdio.h>
struct stu
{
    char name[10];
    int num;
    float score;
} stu[3], stu1;

void main()
{
    FILE *fp;
    int i;
    float score;
    printf("请输入数据:\n");
    for(i = 0; i < 3; i++)
    {
        printf("输入第%d位同学的姓名、学号、成绩(其间用空格隔开):\n", i+1);
        scanf("%s", stu[i].name);
        scanf("%d", &stu[i].num);
        scanf("%f", &score);
        stu[i].score = score;
    }
    if((fp = fopen("stu.txt", "wb+")) == NULL)
    {
        printf("文件打不开!");
        exit(0);
    }
    fwrite(stu, sizeof(struct stu), 3, fp);
    fclose(fp);
    if((fp = fopen("stu.txt", "rb")) == NULL)
    {
        printf("cannot open file!");
        exit(0);
    }
    printf("\n姓名\t学号\t成绩\n");
    for(i = 0; i < 3; i++)
```

```
        {
            fread( &stu1, sizeof( struct stu), 1, fp);
            printf("%s\t%3d\t%.2f\n", stu1.name, stu1.num, stu1.score);
        }
        fclose( fp);
}
```

运行结果如下:

请输入数据:
输入第 1 位同学的姓名、学号、成绩:
李明   322101   69 ↙
输入第 2 位同学的姓名、学号、成绩:
刘小雨   322109   86 ↙
输入第 3 位同学的姓名、学号、成绩:
蔺佑   322125   76 ↙

姓名   学号   成绩
李明   322101   69.00
刘小雨   322109   86.00
蔺佑   322125   76.00

【任务拓展】

在介绍文件定位函数之前,我们先引入文件位置指针的概念。文件位置指针和前面的文件指针完全是两个不同的概念。

文件指针是指在程序中定义的 FILE 类型的变量,通过 fopen() 函数调用给文件指针赋值,使文件指针和某个文件建立联系,C 程序中通过文件指针实现对文件的各种操作。

文件位置指针只是一个形象化的概念,我们将用文件位置指针来表示当前读或写的数据在文件中的位置。当通过 fopen() 函数打开文件时,可以认为文件位置指针总是指向文件的开头、第一个数据之前。当文件位置指针指向文件末尾时,表示文件结束。当进行读操作时,总是从文件位置指针所指位置开始,去读其后的数据,然后文件位置指针移到尚未读的数据之前,以备指示下一次的读(或写)操作。当进行写操作时,总是从文件位置指针所指位置开始去写,然后移到刚写入的数据之后,以备指示下一次输出的起始位置。

通过移动文件内部的位置指针,将其指示到需要读写的位置再进行读写,这种读写称为随机读写。实现随机读写的关键是按要求移动文件位置指针,称为文件的定位。文件定位函数主要有两个,即 rewind() 函数和 fseek() 函数。

1. 文件定位函数

(1) rewind( )函数。

一般调用格式如下：

rewind(fp) ;

功能：rewind( )函数的作用是使文件位置指针指向文件的开头，该函数没有返回值，其中 fp 是文件指针。

(2) fseek( )函数。

一般调用格式如下：

fseek(fp, 位移量, 起始点) ;

功能：fseek( )函数用来移动文件位置指针到指定位置，接下来的读写操作将由此开始。其中，fp 为文件指针，指向被移动的文件。位移量表示移动的字节数，要求是 long 型数据。当用常量表示位移量时要加后缀"L"。起始点表示从何处开始计算位移量，起始点既可用标识符来表示，也可用数字来代表。一般起始点有三种：文件开头、当前位置和文件末尾。其表示方法如表 10-2-3 所示。

表 10-2-3　随机文件读写起始点及含义

标识符	代表的起始点	数字表示
SEEK_SET	文件头	0
SEEK_CUR	文件当前位置	1
SEEK_END	文件尾	2

例如：

fseek(fp, 20L, 0) ;

若 fp 已指向一个二进制文件，其含义为把位置指针从文件头向后移动 20 个字节。

fseek(fp, -10L * sizeof(char) , SEEK_CUR) ;

若 fp 已指向一个二进制文件，则上面函数的作用为，使文件位置指针从文件当前位置向前（文件头方向）移动 10 个 sizeof(char) ，即 10 个字节。

说明：对于二进制文件，当位移量为正整数时，表示位置指针从指定的起始点向文件尾方向移动；当位移量为负整数时，表示位置指针从指定的起始点向文件头方向移动。

fseek(fp, 0L, SEEK_SET) ;

若 fp 已指向一个文本文件，位移量必须是 0L。上面函数调用，使文件位置指针移动到文件的开始。

2. 文件检测函数

在文件中有一些文件检测函数，用来检测当前文件指针的指向、文件是否结束或文件是否出错。

(1) feof( )函数。

在之前学习过从一个磁盘文件中逐个读取字符时,以 EOF 作为文件结束标志,这种以 EOF 作为文件结束标志的文件,必须是文本文件。文本文件中的数据以字符的 ASCII 来存放,而 ASCII 的取值范围是 0~255,EOF 的值为 -1,所以用 EOF 作为文本文件的结束标志。

当把数据以二进制形式存放到文件时,就会有 -1 值的出现,因此不能采用 EOF 作为二进制文件的结束标志。C 语言提供 feof( )函数,既可用以判断二进制文件,又可用以判断文本文件。

一般调用格式如下:

feof(fp);

功能:判断文件是否处于文件结束位置,如果是文件尾,函数 feof(fp)的值为 1;否则为 0。其中,fp 为文件指针,该指针变量指向一个打开的文件。

(2) ftell( )函数。

一般调用格式如下:

long x;
x = ftell(fp);

功能:判断当前文件位置指针所指向的位置,如果函数运行正确,函数给出当前位置指针相对于文件开头的字节数;否则返回 -1。其中,fp 为文件指针,该指针变量指向一个打开的文件。

(3) ferror( )函数。

一般调用格式如下:

ferror(fp);

功能:检查文件在用各种输入/输出函数进行读写操作时是否出错。如果对文件进行读写操作时出错,该函数返回 1;否则返回 0。

试一试:建立一个学生电话簿文件,数据由键盘输入,并读取其中的数据。

项目小结

通过本项目的学习,学生应掌握文件指针的概念及使用方法、文件的操作步骤。了解文本文件只能顺序读写;而二进制文件既可以顺序读写,也可以随机读写。了解 fseek( )函数一般用于随机读写时的读写指针的定位。

课后习题

一、单选题

1. 若要打开 C 盘上 user 子目录下名为 abc.txt 的文本文件进行读、写操作,下面符合此要求的函数调用是( )。

   A. fopen("C:luserlabc.txt","r")

   B. fopen("C:\luser \ labc.txt","r+")

   C. fopen("C:juserlabc.txt","rb")

   D. fopen("C:\luserllabc.txt","w")

2. 若 fp 已正确定义并指向某个文件,当未遇到该文件结束标志时函数 feof(fp) 的值为( )。

   A. 0   B. 1   C. -1   D. 一个非 0 值

3. 当已经存在一个 file1.txt 文件,执行函数 fopen("file1.txt","r+") 的功能是( )。

   A. 打开 file1.txt 文件,清除原有的内容

   B. 打开 file1.txt 文件,只能写入新的内容

   C. 打开 file1.txt 文件,只能读取原有内容

   D. 打开 file1.txt 文件,可以读取和写入新的内容

4. fread(buf,64,2,fp) 的功能是( )。

   A. 从 fp 所指向的文件中,读出整数 64,并存放在 buf 中

   B. 从 fp 所指向的文件中,读出整数 64 和 2,并存放在 buf 中

   C. 从 fp 所指向的文件中,读出 64 个字节的字符,读两次,并存放在 buf 地址中

   D. 从 fp 所指向的文件中,读出 64 个字节的字符,并存放在 buf 中

5. 在 C 语言程序中,可以把整数以二进制形式存放到文件中的函数是( )。

   A. fprintf() 函数   B. fread() 函数   C. fwriter() 函数   D. fputc() 函数

6. 使用 fseek() 函数将文件的读写指针移到文件尾,下面横线上应填( )。

   fseek(fp,0L,_____);

   A. 1   B. 0   C. 2   D. 任意整数

二、填空题

1. 在文本文件中数据是以_____形式展示的。

2. 根据数据的存储方式,C 语言中将文件分为文本_____和_____两种类型。

3. 现要求以读写方式打开一个文本文件 stu1,写出语句:_____。

4. 现要求将上题中打开的文件关闭掉,写出语句:_____。

5. 若要用 fopen() 函数打开一个新的二进制文件 a.txt,该文件要既能读也能写,则打

开文件的方式应该是＿＿＿＿＿＿＿＿＿＿＿＿＿＿＿。

6.下面程序的运行结果是＿＿＿＿＿＿。

```
#define A 5
#define B A +3 * A
#include "stdio. h"
void main( )
{
    int a, b;
    a = A + A/3;
    b = B * 2 +5;
    printf("%d, %d\ n", a, b) ;
}
```

三、实训题

1.用带参数的宏实现对两个整数求差,两个整数从键盘上输入。

2.从键盘上输入10个单精度型数,以二进制形式存入文件。再从文件中读出数据显示在屏幕上。修改文件中的第二个数,再从文件中读出数据显示在屏幕上,以验证修改是否正确。

附　录

附录1　常用字符与 ASCII 值对照表

ASCII 值	字符	ASCII 值	字符	ASCII 值	字符	ASCII 值	字符
0	NUL	32	SPACE	64	@	96	`
1	SOH	33	!	65	A	97	a
2	STX	34	"	66	B	98	b
3	ETX	35	#	67	C	99	c
4	EOT	36	$	68	D	100	d
5	ENQ	37	%	69	E	101	e
6	ACK	38	&	70	F	102	f
7	BEL	39	'	71	G	103	g
8	BS	40	(	72	H	104	h
9	HT	41	)	73	I	105	i
10	LF	42	*	74	J	106	j
11	VT	43	+	75	K	107	k
12	FF	44	,	76	L	108	l
13	CR	45	-	77	M	109	m
14	SO	46	.	78	N	110	n
15	SI	47	/	79	O	111	o
16	DLE	48	0	80	P	112	p
17	DC1	49	1	81	Q	113	q
18	DC2	50	2	82	R	114	r
19	DC3	51	3	83	S	115	s
20	DC4	52	4	84	T	116	t
21	NAK	53	5	85	U	117	u
22	SYN	54	6	86	V	118	v
23	ETB	55	7	87	W	119	w
24	CAN	56	8	88	X	120	x

续表

ASCII 值	字符	ASCII 值	字符	ASCII 值	字符	ASCII 值	字符
25	EM	57	9	89	Y	121	y
26	SUB	58	:	90	Z	122	z
27	ESC	59	;	91	[	123	{
28	FS	60	<	92	\	124	|
29	GS	61	=	93	]	125	}
30	RS	62	>	94	^	126	~
31	US	63	?	95	_	127	DEL

注：1）附录1给出了0～127的标准ASCII值及其对应的字符。

2）CR表示回车；LF表示换行；SPACE表示空格；HT表示Tab。

附录2 运算符的优先级和结合性

优先级	运算符	含义	运算对象个数	综合性
1	( )	圆括号。最高优先级		自左至右
	[ ]	下标运算符		
	→	指向结构体或共用体成员运算符		
	.	引用结构体或共用体成员运算符		
2	!	逻辑非运算符	1(单目算符)	自右至左
	~	按位取反运算符		
	++	自增运算符		
	--	自减运算符		
	-	负号运算符		
	(数据类型)	强制类型转换运算符		
	*	指针运算符		
	&	取地址运算符		
	sizeof	长度运算符		
3	*	乘法运算符	2(双目运算符)	自左至右
	/	除法运算符		
	%	求余数运算符		
4	+	加法运算符		
	-	减法运算符		
5	<<	左移位运算符		
	>>	右移位运算符		
6	<、<=、>、>=	关系运算符		
7	==	等于运算符		
	!=	不等于运算符		
8	&	按位与运算符		
9	^	按位异或运算符		
10	|	按位或运算符		
11	&&	逻辑与运算符		
12	||	逻辑或运算符		
13	?:	条件运算符	3(三目运算符)	自右至左
14	=、+=、-=、*=、/=、%=、>>=、<<=、&=、|=、^=	赋值运算符	2(双目运算符)	自右至左
15	,	逗号运算符		自左至右

附录3 C语言中的关键字

类型	关键字	含义	类型	关键字	含义
数据类型（12个）	char	声明字符型变量或函数	控制语句（12个）	for	for 循环语句
	double	声明双精度型变量或函数		do	do…while 循环语句
	enum	声明枚举类型		while	while 循环语句
	float	声明单精度型变量或函数		break	结束本层循环或 switch
	int	声明整型变量或函数		continue	结束本次循环
	long	声明长整型变量或函数		if	条件语句
	short	声明短整型变量或函数		else	条件否定（与 if 连用）
	signed	声明有符号类型变量或函数		goto	无条件跳转语句
	struct	声明结构体变量或函数		switch	用于开关语句
	union	声明共用体类型		case	开关语句分支
	unsigned	声明无符号类型变量或函数		default	开关语句的其他分支
	void	声明函数无返回值或无参数，声明无类型指针		return	函数返回语句
存储类型（4个）	auto	声明自动变量	其他（4个）	const	声明符号常量
	extern	声明外部变量或函数		sizeof	计算数据类型长度
	register	声明寄存器变量		typedef	给数据类型取别名
	static	声明静态变量或函数		volatile	说明变量在程序执行中可被隐含地改变

附录4 常用C语言库函数

1．常用数学函数

函数原型	函数功能	备注
double sin(double x)：	sin(x)	x 为弧度
double cos(double x)：	cos(x)	
double tan(double x)：	tan(x)	
double exp(double x)：	e^x	
double pow(double x, double y)：	x^y	
double log(double x)：	lnx	
double log10(double x)：	$\log_{10} x$	
double sqrt(double x)：	$\sqrt{x}$	$x \geq 0$
double fabs(double x)：	|x|（双精度型数）	
int abs(int _x)	|x|（整数）	
double ceil(double x)	返回大于 x 的最小整数	
double floor(double x)	返回小于 x 的最大整数	

注：以上函数均包含在头文件"math.h"中。

2．常用"stdlib.h"函数

函数原型	函数功能
voidsrand(unsigned in seeds)	初始化随机数序列，避免生成相同的随机数序列
int rand( )	生成 0 和 0x7fff 之间的随机整数
void exit(int _Code)	退出运行程序
void * calloc(unsigned long n, unsigned long size)	分配一块存储，存放 n 个大小为 size 的对象，并将所有字节用 0 字符填充。返回该存储块的地址。不能满足时返回 NULL
void * malloc(unsigned long size)	分配一块存放大小为 size 的存储，返回该存储块的地址，不能满足时返回 NULL
void * realloc(void *p, unsigned long size)	将 p 所指存储块调整为大小 size，返回新块的地址。如能满足要求，新块的内容与原块一致；若不能满足要求，则返回 NULL，此时原块不变
void free(void * p)	释放以前分配的动态存储块
double atof(const char * s)	将字符串 s 转换为 double 类型
int atoi(const char * s)	将字符串 s 转换为 int 类型
long atol(const char * s)	将字符串 s 转换为 long 类型
char * itoa(int i)	把整数 i 转换成字符串

3. 常用"time.h"函数

函数原型	函数功能
clock_t clock(void)	确定处理器时间函数
time_t time(time_t *tp)	返回当前日历时间,即从1970年1月1日至现在的秒数
char *ctime(const time_t *time)	返回字符串格式的日期和时间
struct tm *localtime(const time_t *timer)	返回日期和时间的结构体